电容式电压互感器

试验检修技术

国网河南省电力公司超高压公司　组编

王　敏　杨朝锋　主编

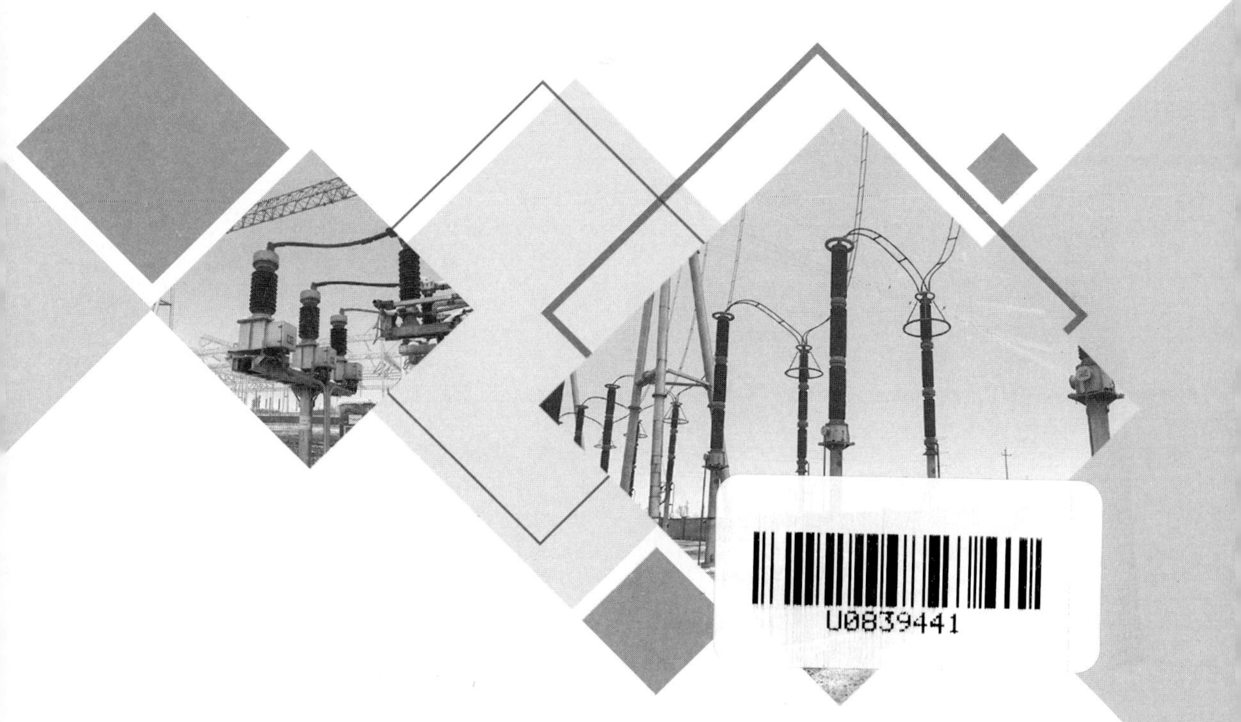

内 容 提 要

为提升电容式电压互感器试验检修维护及故障分析处理能力，加强试验检修队伍建设，提高一线作业人员技能素质，国网河南省电力公司超高压公司组织编写完成了《电容式电压互感器试验检修技术》一书。

全书共包括七章，主要内容包括电容式电压互感器的原理、结构及特点，绝缘损耗与缺陷类型，试验项目及标准，试验、检修、故障分类及案例等。本书理论联系实际，结合现场典型故障类型分析了多个常见故障案例，包含故障现象、解体情况、原因分析、措施建议。

本书可供电力系统运行、检修、安装、试验等方面工作的工程技术人员和管理人员学习使用，也可供相关专业技术人员参考。

图书在版编目（CIP）数据

电容式电压互感器试验检修技术/国网河南省电力公司超高压公司组编；王敏，杨朝锋主编．—北京：中国电力出版社，2023.12

ISBN 978-7-5198-7328-8

Ⅰ.①电… Ⅱ.①国… ②王… ③杨… Ⅲ.①电压互感器-试验②电压互感器-检修 Ⅳ.①TM451

中国版本图书馆 CIP 数据核字（2022）第 234156 号

出版发行：中国电力出版社
地　　址：北京市东城区北京站西街 19 号（邮政编码 100005）
网　　址：http：//www.cepp.sgcc.com.cn
责任编辑：陈　丽
责任校对：黄　蓓　朱丽芳
装帧设计：郝晓燕
责任印制：石　雷

印　　刷：三河市航远印刷有限公司
版　　次：2023 年 12 月第一版
印　　次：2023 年 12 月北京第一次印刷
开　　本：710 毫米×1000 毫米　16 开本
印　　张：11.75
字　　数：199 千字
印　　数：0001—1000 册
定　　价：75.00 元

《电容式电压互感器试验检修技术》

编委会

主　任　彭　勇

副主任　刘红伟　张忠良　张劲光　吴　宁　曲　欣
杜少燚

成　员　李　晨　李　璐　李许静　刘　岳　董武亮
张建辉　兰　洋

编写人员

主　编　王　敏　杨朝锋

副主编　董　泉　赵胜男　李永昆　赵映宇　周文栋

参　编　赵豪杰　刘　团　崔玲玲　白华颖　许海锋
李　威　苏亚慧　王笑宇　可　翀　石婷婷
张博闻　张文明　董超群　李　夏　冯家铨
张偲祺　王朝刚　赵会冰　吴兆伟　张晓磊
张　迪　张庆军　焦海龙　梁向阳　杨　明
郭　州　闫　磊　张菲菲　罗光辉　黄银龙
鲁　永　钱　蔚　王　阳　王兆宇　王东栋
徐　宁　郭海云　徐幻南　陈邓伟　马晓娟
张　磊　王　伟　吴西博

前　言

电容式电压互感器是将电力系统的高电压变换为低电压，供给继电保护、测量及控制设备使用的重要设备，因其具有体积小、重量轻、维护工作量少、绝缘可靠性高、故障破坏性小等特点被广泛应用于电力系统中，但也是内部故障发生频次最多的设备之一，因此提升电容式电压互感器的试验、检修水平对确保电网的安全、稳定、可靠运行起着关键作用。

目前，针对电容式电压互感器设备现场维护开发的书籍相对缺乏，对现场试验方法以及不同型号设备运维检修要求阐述不够全面，且试验工作受现场干扰因素影响较大，如何排除现场干扰因素、正确判断设备状态、精确定位设备缺陷部位是试验人员的迫切需求。

为此，本书结合 500kV 变电站一次设备试验、检修现场经验，从电容式电压互感器原理和结构、绝缘损耗和缺陷类型、试验项目及标准、仪器测试原理和方法、典型案例、检修维护策略出发，涵盖基本理论、检修技术、检测技术、故障案例分析等，具有针对性、实用性强的特点，满足试验、检修人员对电容式电压互感器理论知识、现场试验方法、干扰因素排除、故障定位与运行维护的需求。

本书知识面广，实用性强，不仅可作为电力行业检修试验人员和专业管理人员的现场培训用书，还可以作为电力工程类大中专院校现场技能学习的参考书。

由于经验和理论水平所限，书中难免出现疏漏和不妥之处，敬请读者给予批评指正。

作者

2023 年 8 月

目　录

第一章　概　　述

第一节　电压互感器分类

目前，智能电网技术快速发展，已成为全球能源发展和变革中的重大研究课题，其中，各类电信号的测量技术是实现智能电网监测、控制、分析和决策的基础，也是智能电网发展的关键。电压互感器是电力系统中联络一次侧和二次侧不可缺少的重要设备，通常利用其进行电压监测。电压互感器将高电压变换成适合测量仪器和继电保护装置工作的 100V 或 $100/\sqrt{3}$ V 的低电压，便于监视和测量一些高压设备。从结构上讲，电压互感器是一种小容量、小体积、大电压比的降压变压器，基本原理与变压器相同，也是由一次绕组和二次绕组、铁芯、引出线以及绝缘结构等构成。目前电网中应用最为广泛的是电磁式电压互感器（potential transformer，PT）和电容式电压互感器（capacitive voltage transformer，CVT），随着电力技术的革新，出现了光学电压互感器（optical voltage transformer，OVT），电子式电压互感器（electronic voltage transformer，EVT）等一些新型的电压互感器。

电磁式电压互感器是一种通过电磁感应将一次电压按比例变换成二次电压的电压互感器，不附加其他改变一次电压的电气元件。电磁式电压互感器的一次绕组直接并联于一次回路中，一次绕组上的电压取决于一次回路上的电压；二次绕组与一次绕组无电的耦合，而是通过磁耦合；二次绕组通常接的是一些仪表、仪器及保护装置，容量一般为几十至几百伏安，负载很小，而且是恒定的。电压互感器的一次侧可视为一个电压源，基本不受二次负载的影响；正常运行时，电压互感器二次侧基本处于开路状态，电压互感器二次电压基本等于二次侧感应电动势，取决于一次系统电压。

电容式电压互感器由电容分压器和电磁装置组成。电容分压器由瓷套和装在其中的若干串联电容器组成，瓷套内充满保持 0.1MPa 正压的绝缘油，并用钢制波纹管平衡不同环境以保持油压，电容分压器可用作耦合电容器连接载波装置。高电压主要由电容器承担，电磁装置（包括中压变压器、补偿电抗器、阻尼器等）起着电磁变换的作用，将分压器输出的10～20kV的中压变为表计和低压装置适用的低电压。中压变压器的一次绕组分为主绕组和微调绕组，一次侧和一次绕组间串联一个低损耗电抗器。由于电容式电压互感器的非线性阻抗和固有的电容有时会在电容式电压互感器内引起铁磁谐振，因而用阻尼装置抑制谐振，阻尼装置由电阻和电抗器组成，跨接在二次绕组上，正常情况下阻尼装置有很高的阻抗，当铁磁谐振引起过电压，在中压变压器受到影响前，电抗器已经饱和了，只剩电阻负载，使振荡能量很快被降低。电容式电压互感器的这些结构原理上的优点将会在下文里有详细的讲解，此处不再赘述。

光学电压互感器的测量原理大致可分为基于泡克尔斯（Pockels）效应和基于逆压电效应或电致伸缩效应两种。目前研究的光学电压互感器大多基于Pockels效应，Pockels效应就是电光晶体在没有外加电场作用时是各向同性的，而在外加电场作用下，晶体变为各向异性的双轴晶体，从而导致折射率和通过晶体的光偏振态发生变化，产生双折射，一束光变成两束偏振光，且这两束光的速率不同。借助双折射效应和干涉的方法进行精确的测量，进而得到所要测量的电压值。光学电压互感器具有尺寸小、重量轻、绝缘性好、频带宽、动态范围大、不受电磁干扰和安全性好等优点。因此，各国都在寻求把光电子学技术用于特高压大电流电网中的方法。

电子式电压互感器是一种实用性更强的电压互感器，结合了电容式电压互感器和光学电压互感器的优点。电子式电压互感器主要是由一次侧传感器和光电传输系统组成。其中光电传输系统由信号处理、信号调制、信号解调、电/光转换、光/电转换等模块组成。一次侧传感器将高电压降压输出低电压或低电流，经信号处理后进行信号调制，驱动光源将电信号变换成光信号并通过光纤传输，光纤起到了信号传输与电气隔离的重要作用。光/电变换与信号解调模块负责对光纤传送过来的光信号进行处理，还原为电信号。电子式电压互感器结合了光学电压互感器光纤传导敏感信息和电容式电压互感器分压器的优势，绝缘简单、二次电压信号可靠稳定，弥补了光学电压互感器制作工艺复杂、稳定性不足的缺陷，与传统电磁式电压互感器相比还具有成本价格的优势，是目前最易于实现和批量生产的新型实用高电压等级的电压互感器。

第二节　电容式电压互感器的发展现状

目前电网应用最为广泛的油浸式电压互感器是电容式电压互感器，电容式电压互感器在技术和制造工艺上跨越了电力电容器和变压器两个行业，因为一些历史因素，在我国，它是由电力电容器行业研制和生产的。电容式电压互感器在国外已有60年的发展历史，并在这几十年内在72.5～800kV电力系统中得到了普遍的应用。电容式电压互感器如此快速的发展是因为：

（1）运行可靠。

1）由于承担高电压的电容器具有绝缘强度高、耐雷电冲击能力强的特点，还能降低雷电波的陡度，对其他设备有一定的保护作用。

2）它不会像电磁式电压互感器那样与断路器断口电容产生铁磁谐振，因此能够保持长期安全可靠地运行，消除了谐振引起爆炸的危险。

（2）价格较低。在66kV以上，电容式电压互感器的价格比电磁式电压互感器低，电压等级越高越明显。这就是我国一开始仅发展330kV和500kV电容式电压互感器的主要原因。

（3）一机多用。电容式电压互感器可同时用于测量、继电保护和载波通信，还可用来获得一定数量的电压抽取，装备电容式电压互感器比装备电磁式电压互感器可省去一台耦合电容器，节省投资和安装场地。

（4）维护容易。电容式电压互感器为全密封性结构，运行中维护工作量很小，绝缘监测比较容易。

基于以上优点，国外在66～765kV系统中绝大多数采用电容式电压互感器。在我国66～1000kV系统中也得到了广泛应用，尤其是330、500kV电网等级则全部采用电容式电压互感器。

在电网运行使用方面，国产电容式电压互感器从1964年诞生以来，也积累了50多年的制造和运行经验，现已进入成熟期。尤其是近年来，随着国产电容式电压互感器在准确度及输出容量的提高，以及成功地采用速饱和电抗型阻尼器，使铁磁谐振阻尼特性和瞬变响应特性等方面有了突破性进展。国产电容式电压互感器已超过电磁式电压互感器的各项性能指标，同时还具有绝缘强度高、不会与系统发生铁磁谐振、高电压下价格较低以及可兼作耦合电容器用于电力载波通信（power line carrier，PLC）等优点。所以，近年来国产电容式电压互感器得到广泛应用，电压范围覆盖35～1000kV。在110～220kV等级电压设备中，电容式电压互感器用量已占绝对优势，不仅在新站优先选用，在老站改造中往往用电容式电压互感器取代电磁式电压互感器，330～1000kV等级无一例外地选用了电容式电压互感器。即使在35～66kV，电容式电压互感器价格并不占优势，考虑到从根本上消除电磁式电压互感器与系统产生的铁磁谐振，有的电站也选用了电容式电压互感器。近几十年来随着我国在CVT方面的广泛应用与经验总结以及电力电容器绝缘技术和材料科学的发展，使得国内CVT在设计和制造工艺方面有了很大改进，产量不断增加。现在是国内外电容式电压互感器发展的黄金时期，在110kV及以上高电压等级范围内电容式电压互感器占主导地位。

新型电压互感器的发展也为未来电网的建设带来了更高优化性的可能。光学电压互感器兴起于20世纪60年代，在70年代随着光导纤维材料的出现，光纤传感技术开始应用于电力系统的高电压测量中，促进了光学电压互感器的研究。直到80年代，光学电压互感器才在发达国家取得突破性发展，并在90年代初进入实用化阶段。但是由于光学电压互感器的传感原理基于光学原理，采用了光学元件，在电压测量领域是一个新的尝试，同时又因为受到传感晶体和光学元件的制约，光学传感器的温度稳定性和可靠性等难题尚未解决，也一直无法满足户外环境下0.2级精度的要求，在制造技术方面仍未成熟，未能作为一个产品投产推广。

电子式电压互感器采用现有成熟的技术，未引入光学晶体，具有很好的发展潜力，同时电子式电压互感器在技术和成本等方面的要求均比较低，易取得实用化进展，因而成为我国电子式电压互感器的研究热点。目前，我国许多大学和科研单位都在从事电子式电压互感器的研制工作，并已达到较实用的水平。为了规范和推动电子式电压互感器的发展，2007年我国颁布了基于IEC标准的电子式互感器国家标准GB/T 20840.7—2007《互感器 第7部分：电子式电压互感器》和GB/T 20840.8—2007《互感器 第8部分：电子式电流互感器》，制定和发布这些标准说明我国电子式互感器已经从研发阶段进入到了实用阶段。

鉴于目前电网范围内电容式电压互感器的应用最为广泛，本书的着重点在于介绍电容式电压互感器。

第二章　电容式电压互感器的原理、结构及特点

第一节　电容式电压互感器基本原理

一、电容式电压互感器简介

电容式电压互感器具有耐压强度高、价格低廉、维护容易、不易发生谐振等优点，因此广泛应用于电压等级 110kV 及以上的电网中。

对于电容式电压互感器，其设备型号组成如图 2-1 所示。

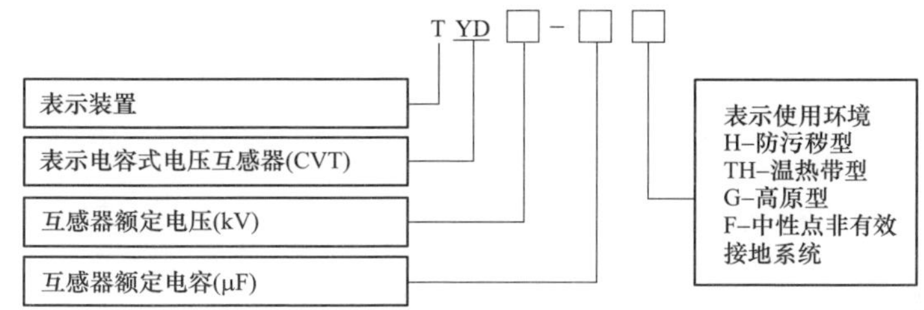

图 2-1　电容式电压互感器型号说明

电容式电压互感器的主要技术参数有额定一次电压、额定二次电压、电压互感器的实际电压比、电压互感器的额定电压比、电压误差（比值差）、准确级、负荷、额定负荷、额定输出、额定绝缘水平。

（1）额定一次电压。接在三相系统线与地之间的电容式电压互感器，其额定一次电压标准值应为系统标称电压的 $1/\sqrt{3}$ 。

（2）额定二次电压。额定二次电压应按互感器使用场合的实际需要来选择。接在三相系统的线与地之间的电容式电压互感器的二次额定电压标准值为 $100/\sqrt{3}$ V。

（3）电压互感器的实际电压比。电压互感器的实际电压比为电压互感器实际一次电压与实际二次电压之比。

（4）电压互感器的额定电压比。电压互感器的额定电压比为电压互感器额

定一次电压与额定二次电压之比。

(5) 电压误差(比值差)。电压互感器测量电压时出现的误差，是由于实际电压比不等于额定电压比而造成的(此定义仅涉及一次和二次电压的额定频率分量，不包括直流电压分量和剩余电压)。

(6) 准确级。对电容式电压互感器给定的准确度等级标识，其误差在指定使用条件下应在规定的限值内。电压互感器准确级和误差限值标准如表 2-1 所示。

表 2-1　　电压互感器准确级和误差限值标准

准确级	误差极限		一次电压误差范围	频率、功率因数及二次负荷变化范围
	电压误差	相位误差		
0.2	±0.2%	±10%	$(0.8\sim1.2)U_{1N}$	$(0.25\sim1)S_{2N}$ $\cos\phi2=0.8$ $f=f_n$
0.5	±0.5%	±20%		
1	±1.0%	±40%		
3	±3.0%	不规定		
3P	±3.0%	±120%	$(0.05\sim1)U_{1N}$	
6P	±6.0%	±240%		

(7) 负荷。负荷通常以在规定功率因数和额定二次电压下的视在功率值表示。

(8) 额定负荷。准确级要求所依据的负荷值。

(9) 额定输出。在额定二次电压下和接有额定负荷时，电容式电压互感器所供给二次电路的视在功率值(在规定功率因数下的伏安值)。

(10) 额定绝缘水平。额定绝缘水平是一组电压值，它表征互感器绝缘耐受电压的能力。

二、电容式电压互感器基本原理

电容式电压互感器由电容分压器和电磁装置两部分组成。电容分压器部分通常由耦合电容器和分压电容器叠装而成，各电容器单元之间用螺栓连接。电磁装置则由中间变压器、补偿电抗器和阻尼器等组成，统一密封于充油钢制箱体内。电容式电压互感器结构如图 2-2 所示。

如图 2-3 所示，电容式电压互感器利用电容分压原理，在被测电网中和地之间串联电容器 C_1 和 C_2，则在 C_2 上的电压为

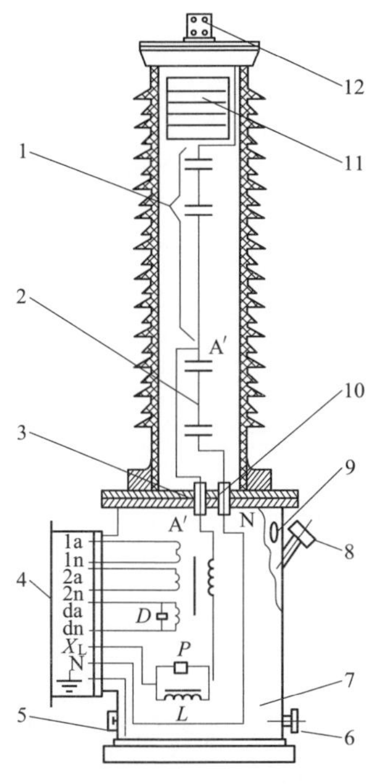

图 2-2　电容式电压互感器结构图

1—高压臂电容；2—低压臂电容；3—中间电压端子；4—二次端子盒；5—接地极；6—放油阀；7—油箱；8—注油阀；9—油位观察窗；10—通信端子套管，低压套管；11—膨胀器；12—一次端子板

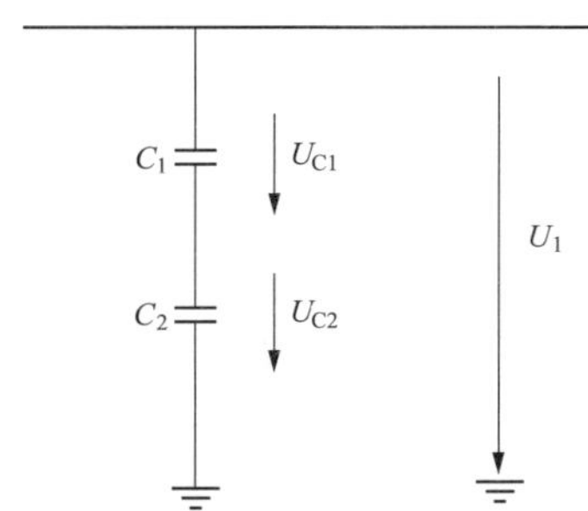

图 2-3　电容式电压互感器分压原理图

$$U_{C2}=\frac{C_1}{C_1+C_2}\times U_1=K_1\times U_1 \tag{2-1}$$

式中：C_1、C_2分别为电容器 C_1 和 C_2 的电容量；K_1为电容器分压比。

利用电磁感应原理（见图 2-4），可以通过中间变压器将 U_{C2}变换为较低的电压 U_2，即

$$U_2=K_2\times U_{C2} \tag{2-2}$$

式中：K_2为中间变压器变换比。

在电力系统实际运行中，可以通过测量 U_2得到电压 U_{C2}，从而最终得到 U_1的电压值，即

$$U_1=\frac{U_{C2}}{K_1}=\frac{U_2}{K_1\times K_2}=K\times U_2 \tag{2-3}$$

$$K=1/(K_1\times K_2)$$

式中：K 为电容式电压互感器的变换比。

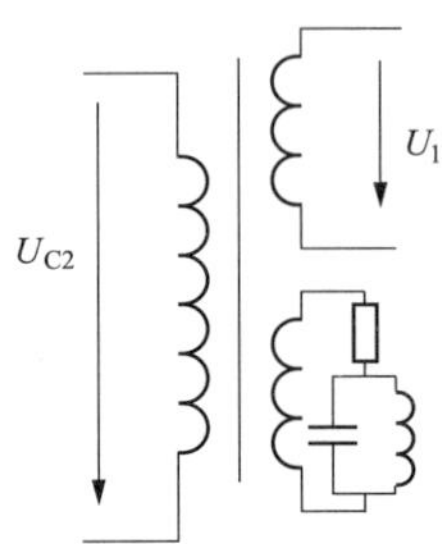

图 2-4 电容式电压互感器电磁单元原理图

在电力系统中，电压互感器将电力系统中的高电压按比例变换成低电压，如 100V、$100/\sqrt{3}$ V，用于计量、保护、自动控制等。

三、电容式电压互感器各元件基本工作原理及作用

电容式电压互感器由电容分压器和电磁装置两部分构成，二者共同作用将高电压转换成低电压（见图 2-5）。电磁装置中的电容分压器将一次高电压分压，并通过中间变压器将中间电压变为二次电压输出，即二次输出电压主要受主电容、分压电容大小和中间变压器变比影响，可表示为

$$U_1 = \frac{U_{C2}}{K_1} = \frac{U_2}{K_1 \times K_2} = K \times U_2 \qquad (2\text{-}4)$$

式中：U_1为 CVT 一次电压；U_2为 CVT 二次电压。

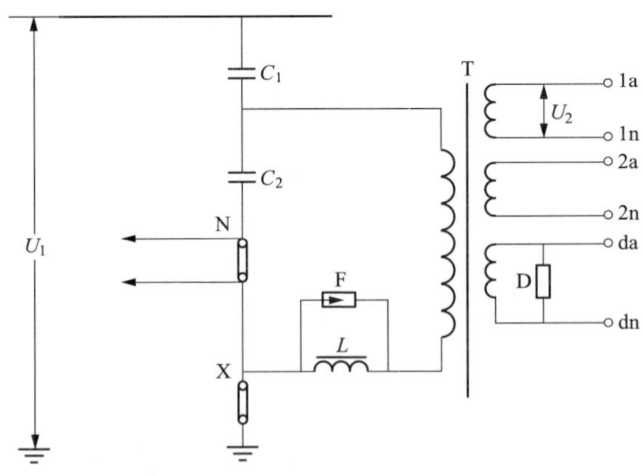

图 2-5 电容式电压互感器各元件原理图

除此之外，电容式电压互感器还包括一些其他功能元件，主要有补偿电抗器、保护装置和阻尼装置。

由于电容器 C_1 和 C_2 有内阻抗压降，使 U_{C2} 小于电容分压值，且负荷越大，其误差越大。因此为减少误差，电容式电压互感器会串联非线性补偿电感线圈对电压进行补偿。

当电容式电压互感器二次侧短路时，由于等效回路中阻抗较小，会产生较大的短路电流，可达到额定电流的几十倍，并在补偿电抗器上产生很高的谐振电压。因此，一般在补偿电抗器两端并联氧化锌避雷器、放电间隙或其他保护装置，达到保护补偿电抗器的作用。

由于电容式电压互感器由电容元件和电抗元件构成，在运行过程中如果受到外部扰动，如一次侧电压扰动、二次侧负荷扰动、二次侧短路等情况时，电容式电压互感器内部可能产生铁磁谐振现象。因此，一般在电容式电压互感器二次绕组上接入阻尼装置，达到抑制铁磁谐振的目的。

第二节　电容式电压互感器的结构

一、电容分压器

电容式电压互感器主要由电容分压器和电磁单元两大部分组成。电容分压器由主电容器 C_1 和分压电容器 C_2 串联叠装组成。高压端子在电容分压器的上端，中压端子从主电容器和分压电容器的金属结合部引出，低压端子从铸铁底座上的瓷套引出。电容分压器的电容元件密封于瓷套内，瓷套内部经加热、抽真空干燥后注入脱气、脱水的绝缘油，同时用钢制波纹管平衡不同环境来保持油压。通过位于瓷套上部的金属膨胀器，可对温度变化引起的油位升降进行调节。主电容器 C_1 与分压电容器 C_2 的分压抽头和电磁单元连为一体，其抽头由中压套管从底座引至电磁单元的油箱内。电容分压器还可用作耦合电容器连接载波装置。

根据电容分压器和电磁单元的组装方式，可以分为一体式（叠装式）和分体式两大类（见图 2-6)。一体式（叠装式）电容分压器中压端与电磁单元连接于电磁单元的内部，其电容分压器的下节底板上有中压出线套管和低压端 N 出线套管或一体式套管，部分电容器除有以上两个出线套管外，下节电容器瓷套上还有一个孔，将分压器中压端引出，其功能仅仅是提供测试 C_1 与 C_2 的电容

量和介质损耗因数 $\tan\delta$ 的接线端。

(a)

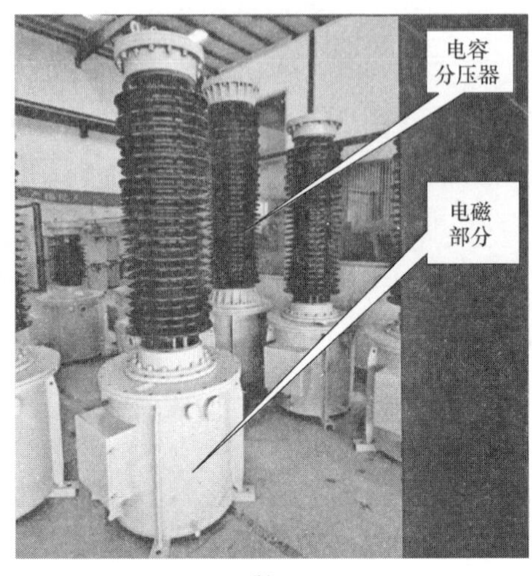

(b)

图 2-6　电容分压器实物图

(a) 分体式；(b) 一体式

分体式电容分压器中压端与电磁单元的连接是在电磁单元的外部。有些分体式电容分压器电磁单元与电容分压器分开安装的（国内 1000kV 电容式电压互感器是这种结构），也有些分体式电容分压器仍然将电容分压器叠装在电磁单元上，但用绝缘子进行支撑。这类产品的分压器下节不必在下底板上安装中压套管和低压套管，但必须在下节瓷套上打孔将中压端引出来，电磁单元也需将高压端用套管从电磁单元引出与分压器中压端相接。

图 2-7　电容器芯体实物图

电容分压器主要由电容器芯体、金属膨胀器及套管等组成。

1. 电容器芯体

电容器芯体（见图 2-7）是电容分压器的核心，一方面它需要隔离工频高电压，另一方面起到提供高频通道的作用。电容器芯体为多个电容元件串联组成。早期

110kV 电容分压器由 104 个电容元件相串联，现在一般为 90 多个元件，也有的产品已减少到 70 多个元件。每个电容元件是由铝箔电极和放在其间的数层电容介质卷绕后压扁，并经高真空浸渍处理而成。并采用引线片相互焊接或金属箔面直接压接方式，实现电容元件的串联。芯体通常是用多根绝缘拉杆拉紧，目前有的产品已取消绝缘拉杆，靠瓷套两端法兰直接压紧。

20 世纪 90 年代以前电容介质主要使用油纸绝缘技术，油纸绝缘技术采用电容器纸浸渍矿物油作为介质，随着科技的发展，膜纸复合绝缘技术逐渐取代油纸绝缘技术，膜纸绝缘技术（见图 2-8）采用聚丙烯薄膜与电容器纸（一般为二膜三纸或者二膜一纸）复合浸渍有机合成绝缘油（一般为各公司专利油，其中含抗氧化剂）作为介质，相对前者来说有功损耗较低（约只有前者的 25%），同时介质损耗降为前者的 10%，耐电强度是前者的 4 倍的特点。加之有机合成绝缘油的吸气性好，采用膜纸复合介质可使电压互感器电容量增大，介质损耗降低，局部放电性能改善，绝缘裕度提高。

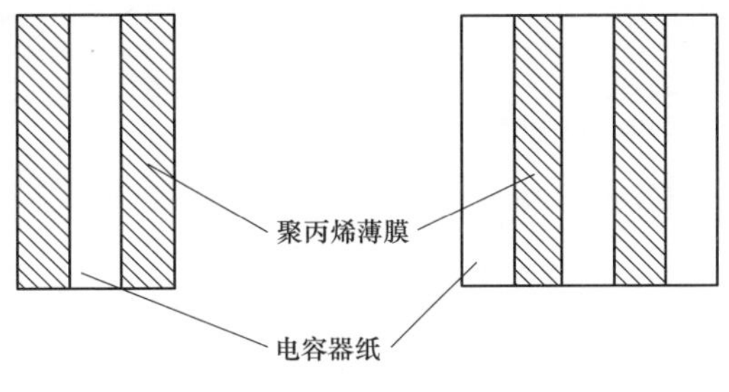

图 2-8　膜纸绝缘技术原理

近些年来，随着电容器制造用绝缘介质发展，并联电容器中已广泛使用全膜介质。从绝缘角度来说，采用全膜介质绝缘结构要优于膜纸复合介质绝缘结构，但是电容分压器要保证外绝缘尺寸，同时保证电容量的变化尽可能小。因此电容式电压互感器的分压器多采用膜纸复合介质。这是因为电容器纸是正的电容温度系数，即当温度上升时电容量变大，而聚丙烯薄膜是负温度系数，因此采用膜纸复合介质，通过两种温度系数互补的方法使电容量保持稳定。

2. 膨胀器

膨胀器是电容分压器必不可少的部件。电容器内部都充有绝缘油，当温度变化的时候，绝缘油的体积亦将发生变化，为了适应这种变化，电容分压器都装有膨胀器来补偿油体积的变化。

膨胀器分为内置式（外油式）和外置式（内油式）两类（见图 2-9 和图 2-10）。内置式膨胀器装于电容器内部上端，装设好后是密封腔体。这种膨胀器制造容易，结构简单，但缺点是调节范围小，剩余压力大，在 65℃时可达 0.05MPa。尤其是大电容量的分压器，由于其补偿量不足，易导致瓷套内压力过大，可达 0.1MPa 以上，易造成密封破坏而出现渗油现象。外置式膨胀器装于电容器上法兰外部上端，其突出优点是调节能力大，剩余压力小且稳定，在 65℃时也不超过 0.005MPa。但其结构相对复杂，制造工艺较难掌握。

图 2-9　内置式膨胀器实物图

图 2-10　外置式膨胀器实物图

与常规的电磁式电压互感器相比，电容式电压互感器可防止因电压互感器铁芯饱和引起的铁磁谐振，同时在经济和安全上还有很多优越之处：①除作为电压互感器外，还可用于长途通信、远方测量和选择性的线路高频保护等；②电容式电压互感器的冲击绝缘强度比电磁式电压互感器高；③体积小，重量轻，成本低，占地面积小。

电容分压器较为常见的故障有电容分压器电容量变化、电容分压器内部受潮、电容分压器与电磁单元不匹配等。电容分压器电容量变化往往是因为电容元件被击穿或受潮造成的，此时应立即退出运行，防止部分良好的串联电容元件因承受过高电压而发生爆炸事故。电容分压器内部受潮会使吸附在绝缘纸内层的水分子运动不断加剧，运动范围逐渐扩大，从而导致绝缘击穿。电容分压器与电磁单元不匹配通常发生在安装过程中，施工人员将不同相的电容分压器与电磁单元安装在一起，致使其参数不匹配，从而出现二次输出电压不正常现象。

二、电磁单元

电磁单元与电容分压器的中压端和低压端相连，由它提供二次电压。电磁单元一般由中间变压器、补偿电抗器、阻尼装置、油箱和二次端子盒等组成，实物如图 2-11 所示。电磁单元密封于充油钢制箱体内，此箱体同时也作为分压电容器的底座。

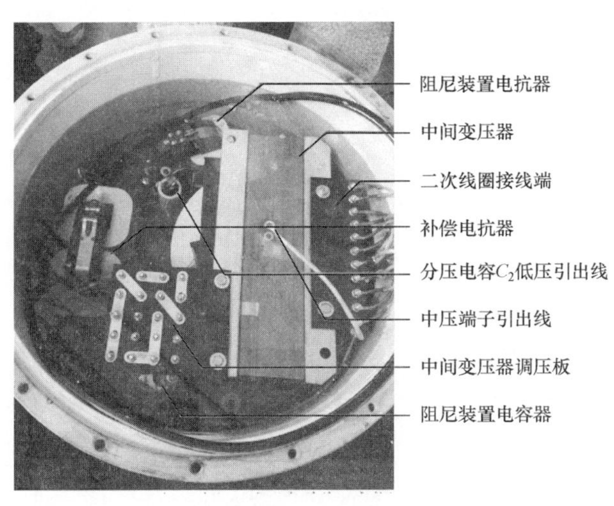

图 2-11　电磁单元实物图例

1. 中间变压器

中间变压器把中间电压再降压为二次电压。具有空载损耗小、线性度好、磁通密度较低、绝缘强度要求低的特点。其参数应满足电容式电压互感器的特殊要求，如高压绕组应设调节绕组以增减绕组层数，铁芯磁密取值应较低，以适应防铁磁谐振要求等。铁芯采用外轭内铁式三柱铁芯，绕组排列顺序为芯柱—辅助绕组—二次绕组—高压绕组，结构原理图如图 2-12 所示。

中间变压器的一次绕组具有可调节电压变比的调节绕组，可用于二次分压及比差调节，使准确度达到技术要求的准确级。

电压互感器的测量精度有 0.2、0.5、1、3、3P、6P 等准确级。0.2 级为精密测量，0.5 级以上一般为电度计量，1 级或 0.5 级一般为测量仪表用，3 级的用于某些测量仪表和继电保护装置。保护用电压互感器用 P 表示，常用的有 3P 和 6P。

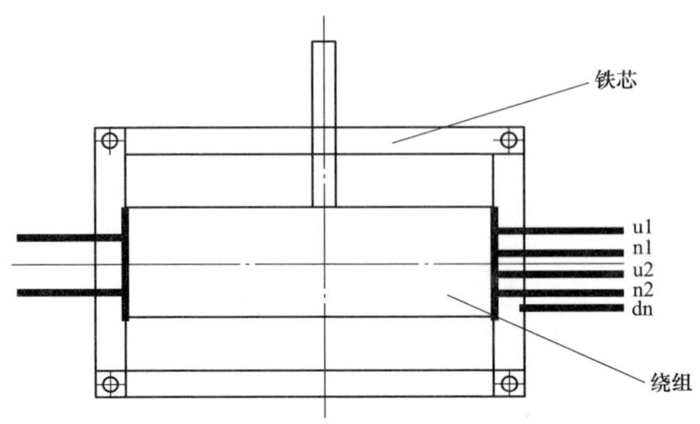

图 2-12　中压变压器结构原理图

2. 补偿电抗器

补偿电抗器的作用是补偿容抗压降随二次负荷变化对电容式电压互感器准确级的影响，实质是感应电抗器，在额定频率下，其感抗值近似等于电容分压器的高、中压电容并联时（C_1+C_2）的容抗，它用以调整一、二次电压间的相位关系。

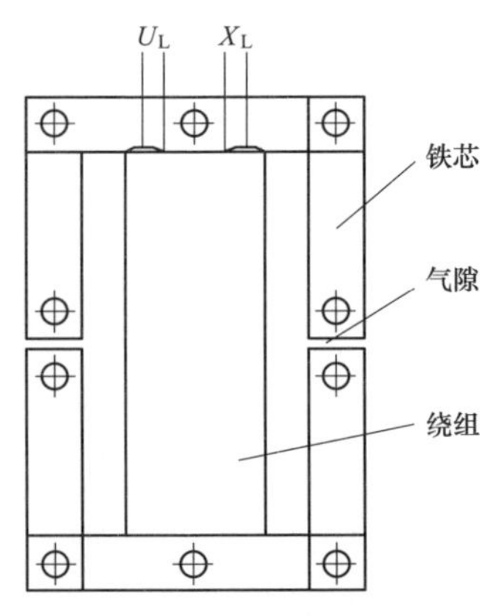

图 2-13　山字形补偿电抗器外形图
U_L—补偿电抗器的电压；
X_L—补偿电抗器的感抗

补偿电抗器的特点是线性度好、性能更加稳定可靠。补偿电抗器常采用山字形或 C 形铁芯，铁芯具有气隙，山字形补偿电抗器外形如图 2-13 所示。国内制造厂目前采用固定气隙，绕组采用调节抽头设计，起到调节电感的作用。补偿电抗器可以安装在高电位侧（接在中压变压器之前），也可以在低电位侧（接在接地端）。两者匝绝缘要求相同，但主绝缘要求不同，前者对地要求达到分压器中压端的绝缘水平。

3. 补偿电抗器两端的限压元件

当二次侧有短路现象时，补偿电抗器上将产生过电压，限压元件是专为抑制此过电压而设置的。限压元件直接并接于补偿电抗器两端，除了降低补偿电抗器两端电压以外，同样也辅助消除阻尼铁磁谐振，也有个别产品无限压元件。

国内运行产品使用的限压元件主要有四种（见图 2-14），分别为带间隙的电阻、带氧化锌阀片的电阻及氧化锌阀片，还有一种形式是补偿电抗器增加一个二次绕组，并且二次侧接带间隙的电阻。

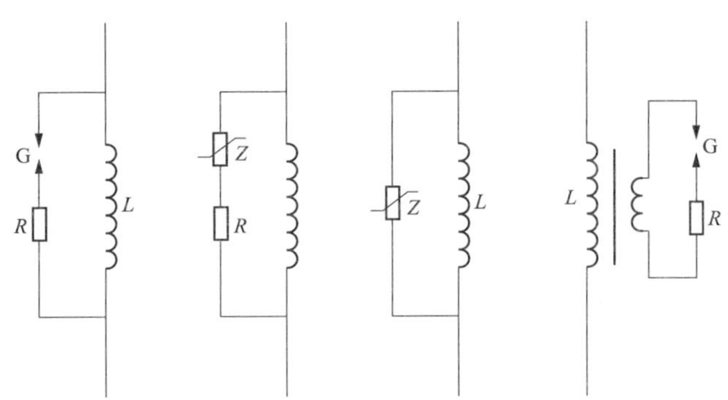

图 2-14　限压元件主要分类图

G—间隙；R—电阻；Z—氧化锌阀片；L—补偿电抗器

大部分产品均将限压元件安装在电磁单元油箱内，间隙常用绝缘管作外壳，内装电极和云母片。也有部分产品将限压元件安装在二次端子盒中，方便更换。图 2-15（a）的左下侧为间隙型限压元件实物图，补偿电抗器的两端并联了放电保护间隙，当瞬时过电压袭来时，间隙被击穿，把一部分过电压的电荷引入大地，避免被保护设备电压升高。图 2-15（b）的右下侧为 ZnO 避雷器型限压元件实物图。

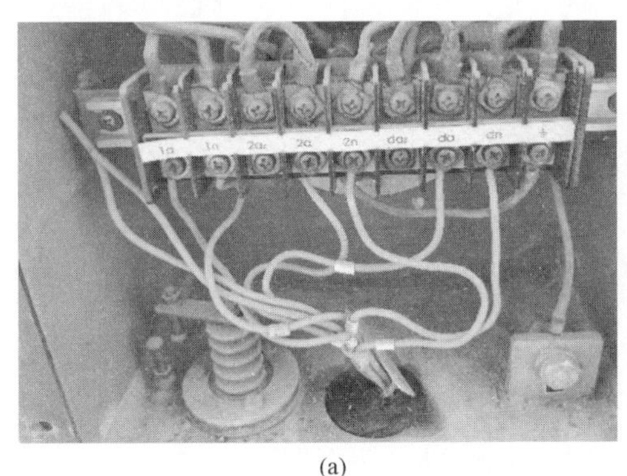

(a)

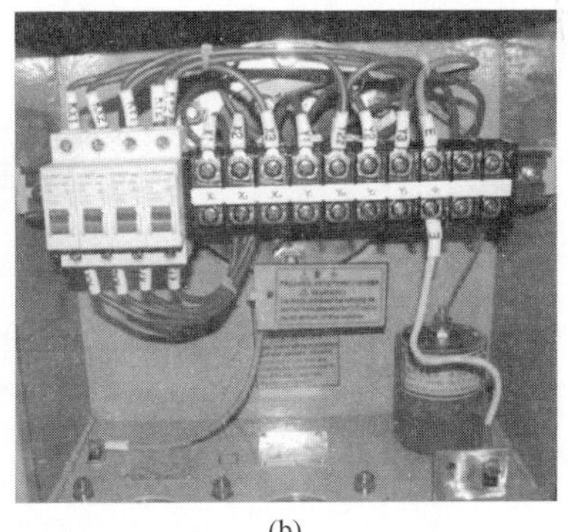

(b)

图 2-15　限压元件实物图

（a）保护间隙；（b）保护用 ZnO 避雷器

此外，还有两点需要补充说明：

（1）间隙放电电压不高。间隙的放电电压只要保证最大二次负荷下不击穿即可，例如有些产品间隙放电电压取补偿电抗器额定情况下电压的 4 倍。应注意，中间变压器一次电流过大也会使该间隙击穿放电。

(2) 电阻是按短时使用设计的。电阻只是在暂态过程中起作用，一旦恢复正常，电阻即被断开隔离，因此使用时间也就几秒钟。所以在现场用自激法测电容值及介质损耗时应特别注意。一旦操作不当，易烧毁电阻，再投运时产品可能会产生铁磁谐振。

4. 阻尼装置

由于电容式电压互感器由电容及非线性电感组成，且电容与电感接近谐振状态，因此，无阻尼器的产品基本上均会发生铁磁谐振。电容式电压互感器的铁磁谐振分为两种：①工频铁磁谐振，中间变压器磁通密度取值过高时较易产生；②分频谐振，最常见的为 1/3 次，也有 1/5、1/7 次谐振等。阻尼装置用于抑制电容式电压互感器铁磁谐振，限制可能出现在一个或多个部件上的过电压。

电容式电压互感器使用的阻尼器基本上常采用电阻型、谐振型和速饱和型三种，也有的产品使用以上阻尼器相结合的方式。

(1) 电阻型阻尼器（见图 2-16）。这是早期产品常用的阻尼器，其阻值及功率应达到设计要求，一般以钢板作为外壳安装在离电容式电压互感器不远的地方。安装处所应注意通气流畅、散热良好，并防止雨水浸入。电阻型阻尼器有影响测量准确度和二次输出容量的缺点，纯电阻型阻尼器目前已逐渐被淘汰。

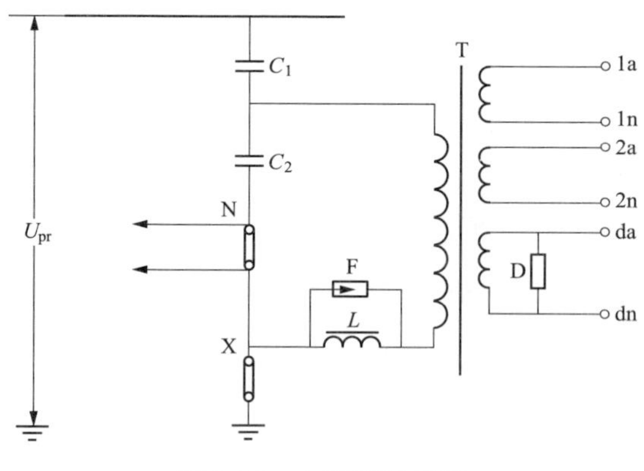

图 2-16 电阻型阻尼器

(2) 谐振型阻尼器。谐振型阻尼器采用电感与电容并联后再与电阻串联而成，电感用山字形带气隙的硅钢片铁芯中柱套上绕组制成。为使电感在正常运行时与发生分次谐波谐振时电感值接近相等，应使电感 L 在额定运行条件下磁密较低，气隙的选取也应适当。阻尼电阻常用 $Cr_{20}Ni_{80}$ 电阻丝绕制而成，但谐振型阻尼器对电容式电压互感器的瞬变响应有不利影响。常规谐振型阻尼器通常安装在剩余绕组上，要求电容式电压互感器可在 1.2U_n的电压下长期运行，1.5U_n下运行 30s，其原理图如图 2-17（a）所示。对于中性点非有效接地系统的电容式电压互感器，要求可在 1.9U_n下运行 8h，其原理图如图 2-17（b）所示。

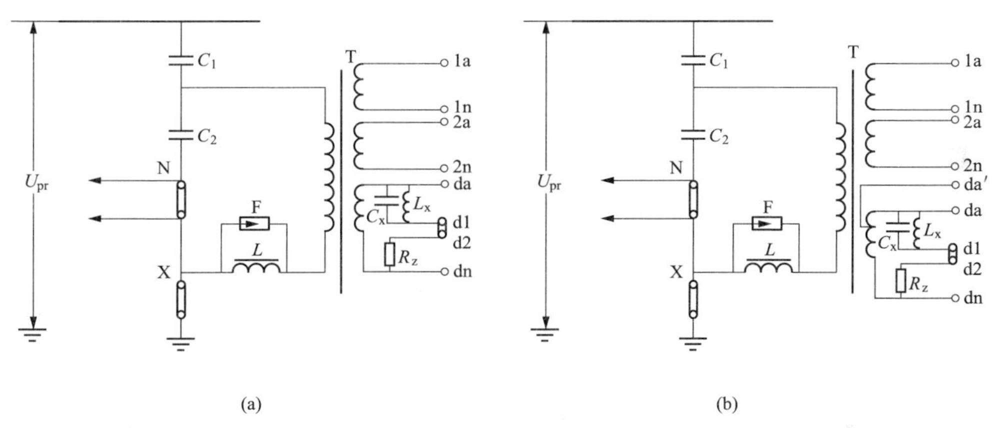

图 2-17　谐振型阻尼器

（a）常规型；（b）中性点非有效接地型

（3）速饱和型阻尼器。速饱和阻尼器由速饱和电抗器与电阻相串联构成，电抗器是采用坡莫合金环形铁芯，绕上绕组制成，如图 2-18（a）中的 L_z 所示。坡莫合金是具有良好饱和特性的材料，正常电压下（1.2U_n以下）运行时，通过电抗器的电流很小，一旦发生分频谐振，铁芯立即饱和，电流猛增而消除谐振。速饱和型阻尼器在性能上是较为先进的，它能适应快速继电保护对电容式电压互感器瞬变响应特性的要求。例如，在一次对地短路后经过工频一个周波（20ms），二次电压能降到额定值的 5％以下。常规谐振型阻尼器一般接于二次剩余绕组［见图 2-18（a）］，也存在新型谐振型阻尼器接于主一次或主二次绕组［见图 2-18（b）］。

大部分电容式电压互感器使用一组阻尼器，也存在少量型号使用两组阻尼器。另外，用于中性点有效接地系统的电容式电压互感器，阻尼器一般采用速

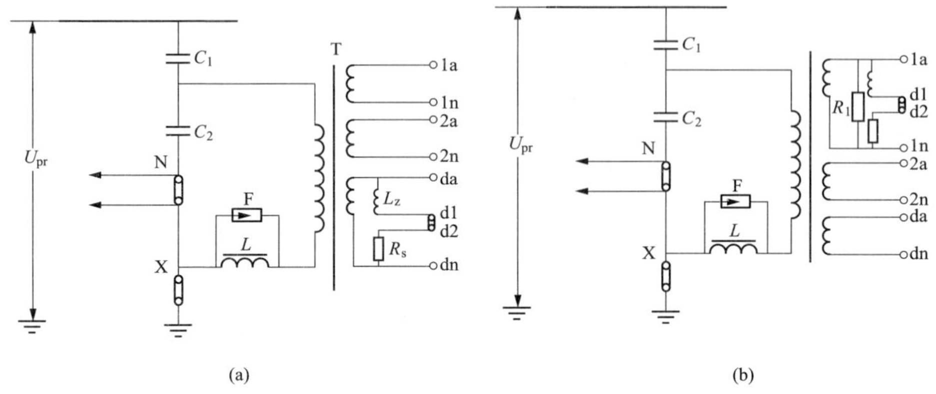

图 2-18　速饱和型阻尼器

（a）常规型；（b）新型

饱和型阻尼器；用于中性点非有效接地系统的电容式电压互感器，阻尼器采用谐振型阻尼器或速饱和型阻尼器。

5. 油箱

油箱由钢板制成，内有中变压器、谐振电抗器、阻尼器和保护用氧化锌避雷器，并充以浸渍剂，油箱的外壳也相当于电磁单元的外壳。电磁单元内的各组成元件密封于箱体后，经加热、抽真空干燥后注以脱气、脱水的浸渍剂并密封。油箱内各制造厂充以不同的浸渍剂，如变压器油、电容器油、十二烷基苯等。

在油面和箱盖之间留有一定空隙，以作温度补偿用。温度变化引起的油量变化可通过油箱顶部的空气层进行压力调节，且油箱内装有油位计用于指示内部油量情况，通过箱壳上的油位观察窗来检查油位。目前的电容式电压互感器设备一般不设取油阀，防止取油操作对箱体内绝缘造成破坏。另外，电磁装置中的浸渍剂与电容分压器内的浸渍剂系统是完全隔离的。

6. 二次端子盒

二次端子盒一般位于油箱侧面，二次端子盒内部有 CVT 二次绕组、电容分压器低压端及保护避雷器等。特点是憎水性能好、机械强度高。常见的二次端子盒布线结构有圆盘形、直排型，如图 2-19 所示。

二次端子盒内一般有主二次 1 号绕组端子、主二次 2 号绕组端子、辅助二次绕组端子、电容分压器低压端、电磁单元一次绕组接地端、油箱接地端以及保护用限压元件。

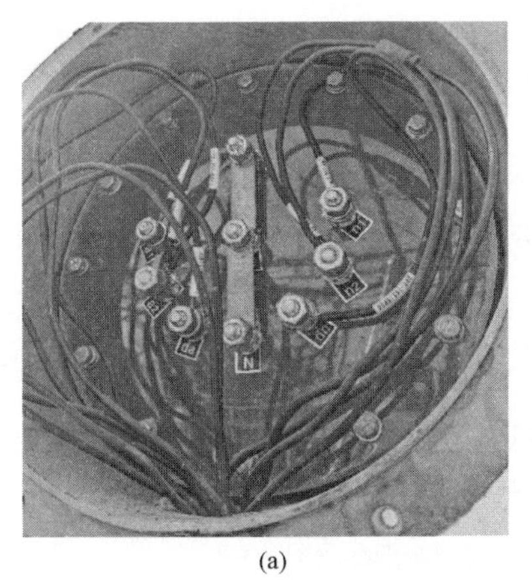

(a)

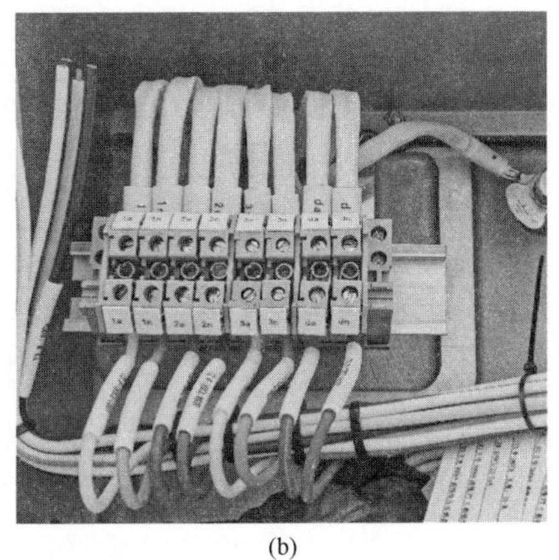

(b)

图 2-19　二次端子盒实物图

(a) 圆盘型；(b) 直排型

7. 载波装置

一部分电容式电压互感器兼有电力载波功能（见图 2-20），需要载波通信时，打开 N、X 端子的连接片，接入结合滤波器。载波附件的一端与电容式电压互感器的低压端 N 相连，另一端接地。它包括一直排流线圈，一把接地刀闸和一对保护球隙。其中，排流线圈由一组空芯线圈串联而成，线圈采用特殊工艺绕制，导线为多股励磁线，以保证排流线圈具有优良的高频性能，整个排流线圈位于一环氧绝缘筒内。排流线圈的两端接有保护间隙和接地刀闸。整套载波附件位于电容式电压互感器的二次端子箱内，便于安装及检修。当不需要载波通信时，必须将 N、X 端子可靠连接。

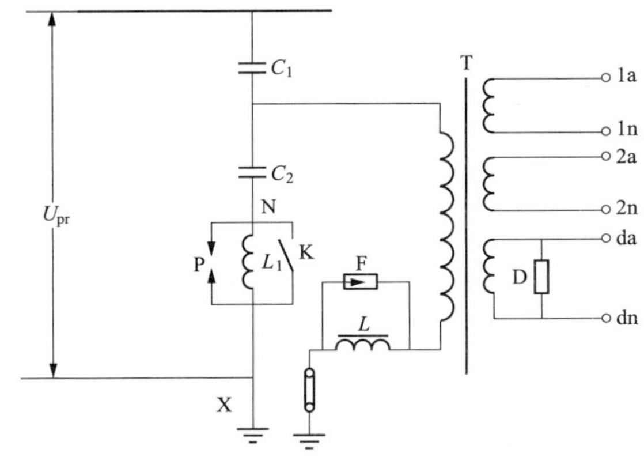

图 2-20　有电力载波功能的电容式电压互感器电气原理图

第三节　主要厂家电容式电压互感器特点

一、主要厂家电容式电压互感器的技术特点

1. 桂林电力电容器公司主流产品

桂林电力电容器公司生产的电容式电压互感器具有以下技术特点：

(1) 采用“C”形铁芯技术，产品的性能更加稳定可靠。

(2) 目前35kV以上的电容式电压互感器多采用速饱和型阻尼技术，能有效地抑制铁磁谐振，且三相开口三角剩余电压保证在1V以下。

(3) 产品的暂态响应特性剩余电压在5%以下，可满足快速继电保护装置的要求，电磁装置结构先进，产品整体局部放电水平在10pC以下。

(4) 产品设计合理，并采用成熟的真空浸渍工艺，电容器的局放性能优异，质量可靠。

(5) 产品采用全封闭式，正常运行时不需维护，不需要滤油、换油，设备不需要进行油样检测。

2. 日新电机有限公司主流产品

日新电机有限公司生产的电容式电压互感器具有以下技术特点：

(1) 产品的金属膨胀器外置，内部保持正压且压力小，不易渗漏油，能有效避免瓷套爆炸。

(2) 经过精确计算纸膜比例，产品理论上可做到电容温度系数接近零，由温度变化而引起的电容量和分压比的变化可以忽略。

(3) 产品采用铝箔折边技术，能有效改善极板边缘场强。元件间的连接采用宽铝带压接方式，电流密度小，元件能承受大电流的冲击，且不用焊接方式，可避免焊接时局部过热对绝缘介质造成损伤。

(4) 产品阻尼器在装配前调定伏安特性，可以改善瞬变响应特性、抑制铁磁谐振性能和方便精度调整。

(5) 产品电磁单元的二次引出端子板采用环氧浇注板，不吸潮，绝缘电阻高。同时提供一个专供用户接线的二次接线板，不用拆卸环氧浇注板上的导线即可进行各项试验，可以有效防止电磁单元的渗漏。

(6) 产品二次端子箱采用铰链门方式密封，并配有新颖的锁扣，可方便灵活地开启和上锁。

3. 西安西电电力电容器有限责任公司主流产品

西安西电电力电容器有限责任公司生产的电容式电压互感器具有以下技术特点：

（1）产品采用的套管实际爬电距离大，干弧距离同行业最大，爬距/干弧距离合理，有效提高外绝缘耐受裕度，增强耐污能力。

（2）产品精度高，裕度大，110～765kV的电容式电压互感器均能满足0.1级准确度的要求，并通过了准确度的特性试验，同时准确度调节端子可以引出，根据实际需要现场调节。

（3）产品采用高强度瓷套，加之优化的结构设计，提高产品机械强度。

（4）产品优化设计铁磁谐振阻尼器，使电容式电压互感器的暂态响应达到3PT1级的要求，暂态响应剩余电压小于2%，能更好地适应快速继电保护的要求。

（5）产品采用先进的工艺，合理设计介质和结构，使产品介质损耗小，局部放电水平降低到5pC以下。

（6）产品采用优质的密封件并优化了结构，二次端子板采用引出导电杆与复合材料整体真空浇注件，密封性能好，确保不发生渗漏现象。

二、主要厂家电容式电压互感器的特殊结构

主要厂家的电容式电压互感器设备类型较多，部分电容式电压互感器具有一些特殊的结构，对设备日常的维护和试验造成了一定的差异。

1. 带中压接地刀闸的电容式电压互感器

如图2-21所示，部分电容式电压互感器带有中压接地开关，开关在“工作”位置时，电容式电压互感器正常工作，如普通电容式电压互感器一样；当开关置“接地”位置时，电容式电压互感器电磁单元的中压端短路接地，电容式电压互感器不能正常工作，可以进行相关试验。将中压接地开关扳到“工作”位置，即接地开关打开时，可以参照普通的电容式电压互感器，用自激法测量C_1、C_2的电容量及介质损耗。将中压接地开关扳到“接地”位置，即接地开关闭合时，表示电容式电压互感器的中压端子被短路接地，此时可采用反接法分别测量C_1、C_2的电容量及介质损耗，在测量C_1、C_2时，高压输出最高电压不应高于2kV。带中压接地开关的电容式电压互感器电气原理图如图2-22所示。

(a)

(b)

图 2-21　带中压接地开关电容式电压互感器的实物图

(a) 工作位置；(b) 接地位置

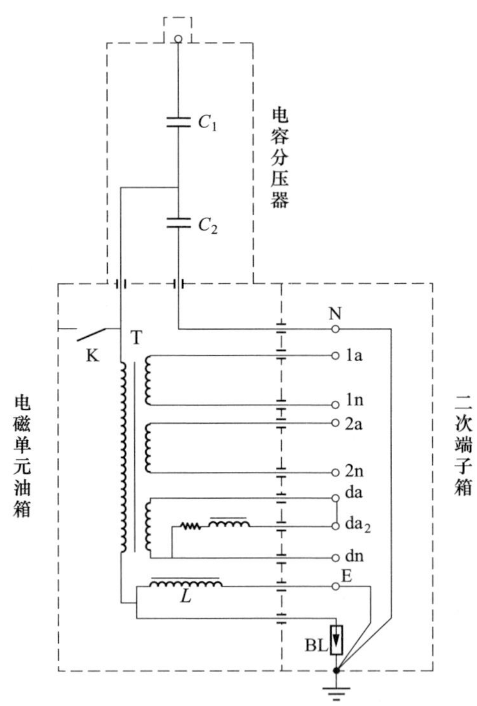

图 2-22　带中压接地开关的电容式电压互感器电气原理图

配有中压接地开关的电容式电压互感器在正常运行时，中压接地开关手柄必须固定在“正常运行”标识处。否则，互感器可能出现二次绕组无输出或输出电压异常。此外，严禁带电操作中压接地开关。

2. 二次引出端子板的不同接地方式

电容式电压互感器电磁单元的二次引出端子板采用环氧浇注板，具有不吸潮、绝缘电阻高等特点。常见的接地方式有二次引出端子板内部直接接地、二次引出端子板经外部接地和二次引出端子板经外部接线板接地。

二次引出端子板内部直接接地（见图 2-23）的接线方式简单可靠且接线清晰易懂，但内部接地是否良好无法直观看出。另外，在例行试验中需要在二次引出端子板上直接拆接二次端子，存在用力不当造成二次接线柱松动漏油的风险。

二次引出端子板经外部接地（见图 2-24）的接线方式简单可靠且接线清晰易懂，接地是否良好可以直观看出，但依然存在用力不当造成二次接线柱松动漏油的风险。

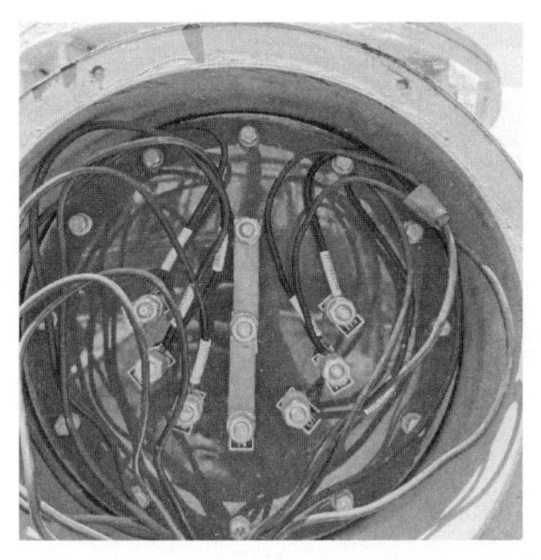

图 2-23　二次引出端子板内部直接接地

图 2-24　二次引出端子板经外部接地

二次引出端子板经外部接线板接地（见图 2-25）的接线方式，可以直观看出接地是否良好，在例行试验中不用拆卸环氧浇注板上的导线即可进行各项试验，给电磁单元的防渗漏又增加了一层保障。但是，接线较为复杂，存在接线错误的风险。

3. 二次端子箱的不同密封方式

电容式电压互感器方形二次端子箱（见图 2-26）采用铰链门方式，并配有新颖的锁扣，在具有良好的密封性的同时，可方便灵活地开启和上锁，方便试验和保护工作。

图 2-25　二次引出端子板经外部接线板接地

图 2-26　电容式电压互感器方形二次端子箱实物图

另一种圆形二次端子箱（见图 2-27）一般采用螺丝固定。设备在户外长时间运行后，螺丝容易产生锈蚀，从而较难打开二次端子箱，给试验和保护工作造成困难。

图 2-27　电容式电压互感器圆形二次端子箱实物图

铰链门密封方式便于运行和维护，对于已有的螺丝密封方式，在日常维护中要采取相应的措施防止设备生锈，在停电期间对于锈蚀的螺丝应及时进行处理。

第三章　电容式电压互感器绝缘损耗与缺陷类型

第一节　绝　缘　结　构

电气设备的绝缘分为内绝缘和外绝缘。内绝缘是指不受大气和其他外部条件影响的设备的固体、液体、气体绝缘，外绝缘是指设备固体绝缘外露在大气中的部分，它承受作用电压并受大气和其他现场外部条件，如污秽、湿度、虫害等的影响。

电容式电压互感器的最外层为空心瓷绝缘子，构成外绝缘，内装有以优质薄膜与电容器纸复合材料为介质的多个串联电容器元件，该薄膜与电容器纸复合材料具有良好的绝缘性能，并以优质绝缘油进行真空浸渍，进一步加强了绝缘性能，形成内绝缘。

一、空心瓷绝缘子

空心瓷绝缘子需要同时具备支撑和绝缘能力，因此无论在机械强度还是绝缘强度方面都有较高要求。瓷绝缘子的工作原理是将空气和绝缘件并联从而发挥绝缘作用，因此，在绝缘子使用过程中如果极间电压过大，就会使瓷绝缘子和空气之间产生放电现象或是出现瓷绝缘子被击穿的现象，所以瓷绝缘子必须能够承受一定的电压，以防止发生闪络。此外，瓷绝缘子大量地用于高压和超高压电气设备的外绝缘，故对其电气性能有极高的要求。

电瓷产品局部应力集中，容易在运行中发生断裂故障。而局部应力集中主要出现在电瓷产品的胶装部位。瓷件端部倒角不正确，胶装水泥选用不合适、无缓冲层或缓冲层过薄是造成胶装部位局部应力集中的主要因素。电网中瓷绝缘子的常见故障包括折断故障、开裂故障及伞裙炸裂故障，其中开裂故障又包括瓷件出现裂纹或发生纵向开裂。运行经验证明，由于瓷绝缘子本身原因造成的绝缘故障极少发生，真正威胁到安全运行的是断裂故障。

二、塑料薄膜

塑料薄膜的主要优点是机械强度、介电强度和绝缘电阻比电容器纸高，而介质损耗比电容器纸小很多，因此从热和电两方面考虑，都比纸适应更高的工作电场强度，从而缩小交流电容器的尺寸或在同体积下增大容量。塑料薄膜的缺点是介电系数小，工艺加工无论是绕卷还是真空浸渍等都较困难，而且要求的加工条件相当高。至于薄膜介电系数小的缺点，从电介质的储能因数 εE^2 来看，由于 E 可以提高很多，且与 E 是平方的关系，ε 只是线性关系，所以 E 的提高可补偿 ε 的不足。

电容式电压互感器膜纸结构中塑料薄膜多采用聚丙烯薄膜，聚丙烯薄膜是由聚丙烯树脂挤压成厚片后再经过双轴定向拉伸成膜的，它的特点是介电强度高、介质损耗低、机械强度高、化学稳定性好、耐热性及电老化性能好、体积电阻率高、吸水性小，热收缩率低、来源广、价格低廉等。

三、绝缘纸

绝缘纸是电容式电压互感器绝缘中的关键部分，直接体现着绝缘状态并决定绝缘的寿命。绝缘纸一般用硫酸盐木浆制成，由顺次间隔的许多纤维层和空气层以及含有若干水分组成的不均匀介质构成，主要成分为纤维素和半纤维素等大分子物质，纸的密度不同其电气性能也不同，密度越高，其体积中纤维比例越大，介电系数和电气强度也越高，但随着密度增加，其介质损耗也增加。

绝缘纸状态主要是指绝缘纸老化状态和微水含量。在设备长期运行条件下，伴随着纤维素热降解、氧化降解和水降解等过程，大分子绝缘介质受破坏而分解成各种小分子物质，绝缘纸也随之老化分解。微水在纸绝缘老化过程中扮演着重要的角色。微水的存在不但降低了绝缘系统的电气绝缘能力，而且会加速绝缘纸的老化速率。当油浸纸含水量为6%时，在只有电击穿作用下，其击穿强度降到其最初的50%；绝缘纸具有较强的吸潮能力，因此聚集着绝缘中绝大部分水分，绝缘纸老化速率与微水含量也存在正相关关系。

绝缘纸老化最主要的原因是绝缘纸中的大分子物质在热应力的作用下，与水分、氧等协同作用发生老化分解，衍生出相关老化产物，在多种恶劣因素不同程度的影响下，绝缘材料的机械强度和电气性能衰减，最终完全失去机械韧性。

四、绝缘油

绝缘油的特点是绝缘性能好，高度净化的油在标准油杯中 2.5mm 的间隙下击穿电压达 60kV 以上，其次是其低温性能较好，适用于寒冷地区，由于是弱极性介质，所以介质损耗小，电容温度系数小，易净化处理，一般无毒，来源较广，价格较低。其缺点是介电系数不够高，工作温度较低，温度超过 80℃ 时易热老化，在长期高场强和过电压的作用下较易分解并析出可燃气体，当在运行状态下发生击穿时，可能发生燃烧和爆炸。

绝缘油性能下降主要由劣化导致。目前常用的绝缘油为矿物油，利用植物油作为变压器绝缘油也正在探索和尝试中。矿物油由矿物原油加工提炼得到，主要以烃类化合物形式存在，其物理化学特性稳定，是一种比较理想的绝缘材料。正常运行环境中，绝缘油一般情况下难以劣化或者劣化速度较慢，出现绝缘油劣化主要有两种情况：①当电容式电压互感器内部受潮或混入杂质，绝缘油的电气特性会受影响，其绝缘性降低；②电容式电压互感器绝缘出现故障，高压电场作用下出现放电击穿等现象，绝缘油中会分解出大量气体以及其他产物，同时其绝缘散热性能下降，运行温度升高，从而引发恶性循环。

第二节　电介质的损耗

在电场作用下没有能量损耗的理想电介质是不存在的，实际电介质中总有一定的能量损耗，包括由电导引起的损耗、某些有损极化（例如偶极子极化、夹层极化等）和游离损耗引起的损耗。本节通过分析电介质损耗的来源，并结合上节电容式电压互感器绝缘结构，分析其可能存在的损耗。

一、电介质的极化

电介质的极化是电介质在电场作用下，其束缚电荷相应于电场方向产生弹性位移现象和偶极子的取向现象。这时电荷的偏移大都是在原子或分子的范围内作微观位移，并产生电矩（即偶极矩）。

电介质极化的强弱可用介电常数的大小来表示，它与该电介质分子的极性强弱有关，还受到温度、外加电场频率等因素的影响。

极化的基本形式有电子式极化、离子式极化和偶极子极化三种，另外还有夹层极化和空间电荷极化等。

1. 电子式极化

在外电场的作用下，介质原子里的电子运动轨道相对于原子核发生弹性位移，导致正负电荷的作用中心不再重合，出现感应偶极距，这种极化称为电子式极化。

电子式极化存在于一切气体、液体和固体电介质中，它具有以下特点：

(1) 极化所需时间极短，约为 10^{-15} s，这就意味着，即使外加电场的交变频率很高，电子式极化也来得及完成，因此这种极化与外电场频率无关。

(2) 极化具有弹性，故极化过程没有能量损耗，不会使电介质发热。

(3) 温度对极化影响不大。

2. 离子式极化

在外电场的作用下，离子结构的电介质中（固体无机化合物，比如云母、陶瓷等大多属于离子式结构）正、负离子发生方向相反的偏移，使平均偶极矩不再为零，介质呈现极化，这种由离子的位移造成的极化称为离子式极化。

离子式极化具有如下特点：

(1) 极化所需时间很短，约为 10^{-13} s，与外电场的频率无关。

(2) 极化具有弹性，极化过程几乎没有能量损耗，不会使电介质发热。

(3) 温度对极化有影响，温度上升，离子间结合力下降，极化程度上升，但同时离子密度下降，极化程度下降，通常前者影响较大，所以相对介电常数一般具有正温度系数。

3. 偶极子极化

偶极子是指大小相等、符号相反，彼此相距为 d 的两电荷（$+q$、$-q$）所组成的系统，每个极性分子都是偶极子，具有一定的电矩。

在外电场 $\vec{E}$ 作用下，偶极子受到电场力的作用而发生转向，沿电场方向作较有规则的排列，对外呈现出极性。这种由于极性电介质偶极子分子的转向而形成的极化称为偶极子极化（转向极化），如图 3-1 所示，它具有以下特点：

(1) 存在于极性电介质中，如蓖麻油、橡胶、酚醛树脂、胶木、纤维素、油浸纸等。

(2) 极化所需时间较长，约为 $10^{-10}\sim10^{-2}$ s，故相对介电常数与电源频率有较大关系，频率太高时偶极子转向可能跟不上电场方向的改变，转向只能达到某种程度而不完全，因而其相对介电常数变小。

(3) 极化为非弹性，偶极子在转向时需要克服分子间的吸引力和摩擦力，故需要消耗能量。

（4）温度对极化影响很大。

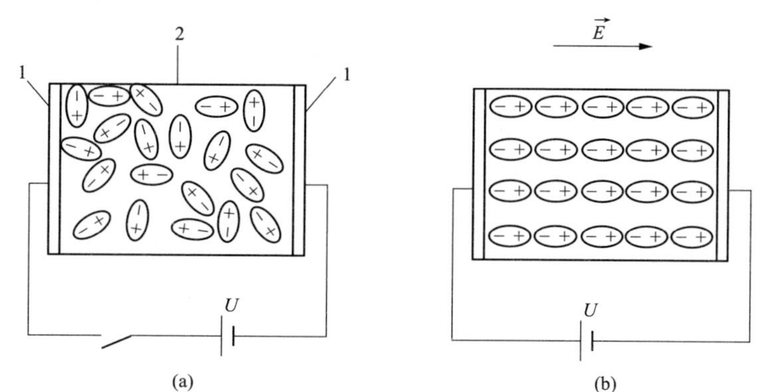

图 3-1　偶极子极化示意图

（a）无外电场时；（b）有外电场时

1—电极；2—电介质

4. 夹层极化

高电压设备的绝缘往往由几种不同材料组成或介质是不均匀的，在外加电场后，各层电压将从开始时按介电常数分布逐渐过渡到稳态时按电导率分布。在电压重新分配的过程中，夹层界面上会积聚起一些电荷，使整个介质的等值电容增大，这种极化称为夹层介质界面极化或简称夹层极化。

下面以最简单的平行平板电极间的双层电介质为例对这种极化说明。如图 3-2 所示，ε_1、γ_1、C_1、G_1、d_1和U_1分别表示第一层电介质的介电常数、电导率、等值电容、等值电导、厚度和分配到的电压；而第二层的相应参数为ε_2、$\gamma2$、C_2、G_2、d_2和U_2。两层的面积相同，外加直流电压为U。

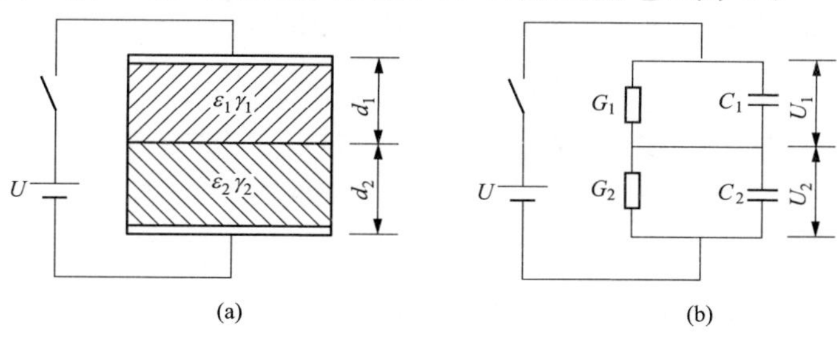

图 3-2　直流电压作用于双层介质

（a）示意图；（b）等值电路

设在 $t=0$ 瞬间合上开关，两层电介质上的电压分配将与电容成反比，即

$$\frac{U_1}{U_2}=\frac{C_2}{C_1}$$

这时两层介质的分界面上没有多余的正空间电荷或负空间电荷。

到达稳态后（设 $t\to\infty$），电压分配将与电导成反比，即

$$\frac{U_1}{U_2}=\frac{G_2}{G_1}$$

在一般情况下，$C_2/C_1\neq G_2/G_1$，可见有一个电压重新分配的过程，亦即 C_1、C_2上的电荷要重新分配。

设 $C_1<C_2$，而 $G_1>G_2$，则

$$t=0\text{ 时，}U_1>U_2$$

$$t\to\infty\text{时，}U_1<U_2$$

可见随着时间 t 的增加，U_1下降而 U_2增高，总的电压 U 保持不变。这意味着 C_1要通过 G_1放掉一部分电荷，而 C_2要通过 G_1从电源再补充一部分电荷，分界面上将积聚起一批多余的空间电荷，这就是夹层极化所引起的吸收电荷，电荷积聚过程所形成的电流称为吸收电流。由于这种极化涉及电荷的移动和积聚，所以必然伴随能量损耗，而且过程较慢，一般需要几分之一秒、几秒、几分钟、甚至几小时，所以这种极化只有在直流和低频交流电压下才能表现出来。

夹层极化的特点如下：

（1）存在于不均匀夹层介质中。

（2）极化过程缓慢，从 0.1s 到数小时，故只有在电源为低频时才能完成。

（3）由于吸收过程要经过电导，极化过程有能量损耗。

（4）由于夹层界面上产生电荷堆积，等值电容增大。

为便于比较分析，将上述各种极化列成表 3-1。

表 3-1　　电介质极化种类及比较

极化种类	产生场合	所需时间	能量损耗	产生原因
电子式极化	任何电介质	10^{-15} s	无	束缚电子运行轨道偏移
离子式极化	离子式结构电介质	10^{-13}s	几乎没有	离子相对偏移
偶极子极化	极性电介质	10^{-10}～10^{-2}s	有	偶极子定向排列
夹层极化	多层介质的交界面	0.1s～数小时	有	自由电荷移动

二、电介质的电导

任何电介质都不是理想的绝缘体，它内部总是或多或少地具有一些带电粒子（载流子），例如可迁移的正、负离子以及电子、空穴和带电的分子团。在外电场的作用下，某些联系较弱的载流子会产生定向漂移而形成传导电流（电导电流或泄漏电流）。换言之，任何电介质都不同程度地具有一定的导电性，只不过其电导率很小而已，而表征电介质导电性能的主要物理量即为电导率 γ 或电阻率 ρ。

按载流子的不同，电介质的电导可分为离子电导和电子电导两种，前者以离子为载流子，后者以自由电子为载流子。由于电介质中自由电子数极少，电子电导通常都非常微弱；如果在一定条件下（例如加上很强的电场），电介质中出现了可观的电子电导电流，则意味着该介质已被击穿。在正常情况下，电介质的电导主要是离子电导，离子电导又可分为本征（固有）离子电导和杂质离子电导。在中性或弱极性电介质中，主要是杂质离子电导，可见在纯净的非极性电介质中，电导率是很小的，亦即电阻率 ρ 很大，可高达 $10^{17}\Omega\cdot cm$ 以上；而极性电介质因具有较大的本征离子电导，其电阻率就小得多（$10^{10}\sim10^{14}\Omega\cdot cm$）。

在液体介质中，还存在一种电泳电导，其载流子为带电的分子团，通常是乳化状态的胶体粒子（例如绝缘油中的悬浮胶粒）或细小水珠，它们吸附电荷后变成了带电粒子。

工程上使用的液体电介质通常只具有工业纯度，其中仍含有一些固体杂质（纤维、灰尘等）、液体杂质（水分等）和气体杂质（氮气、氧气等），它们往往是弱电场下液体介质中载流子的主要来源。

当温度升高时，分子离解度增大、液体的黏度减小，所以液体介质中的离子数增多、迁移率增大，可见其电导将随温度的上升而急剧增大。

固体介质的电导除了体积电导外，还存在表面电导，后者取决于固体介质表面所吸附的水分和污秽，受外界因素的影响很大。在测量固体介质的体积电导时，应尽量排除表面电导的影响，为此应清除表面上的污秽、烘干水分、并在测量接线上采取一定的措施。

固体和液体介质的电导率 γ 与温度 T 的关系均可近似地表示为

$$\gamma = Ae^{-\frac{B}{T}} \tag{3-1}$$

式中：A、B 为常数，均与介质的特性有关，但固体介质的常数 B 通常比液体介质的 B 大得多；T 为绝对温度，K。

式（3-1）表明，电介质的电导率随温度按指数规律变化。所以，在测量电介质的电导或绝缘电阻时，必须注意温度。

三、游离损耗

游离损耗是指液体或固体中局部放电引起的损耗，绝缘中的局部放电是引起电介质老化的重要原因之一。如果电气设备在正常运行电压下，其绝缘中就已经出现局部放电现象，这意味着绝缘内部存在局部性缺陷，而且必然会在整个运行期间继续发展，达到一定程度后，就会导致绝缘的击穿和损坏。

局部放电一般可以认为是在强电场作用下，部分绝缘出现放电现象，而其他绝缘部分则继续保持着原有的绝缘特性，也就是说放电没有击穿整个绝缘，这种现象称为局部放电。

能够引起局部放电的主要原因是电介质不均匀，并取决于绝缘装置中的电场分布和绝缘的电气物理性能，绝缘体的每个部位承受的电场强度不一致，有些部位处在极强的电场中，该处的电场强度达到了局部放电场强，这些地方容易发生放电现象，而其他部分的电场强度相对较弱，远未到局部放电场强，这些部位仍然保持其绝缘特性。对于电容式电压互感器来说，它的绝缘多采用膜—纸复合绝缘以及油—屏障绝缘，局部放电常发生在绝缘薄弱或强电场强度的区域。

设在固体或液体介质内部存在一个气隙或油隙，如图 3-3 所示，其中 C_g 代表该气隙的电容，C_b 代表与该气隙串联部分介质的电容，C_a 代表其余完好部分的介质电容，图 3-3（b）为等值电路，其中与 C_g 并联的放电间隙的击穿等效于该气隙中发生的火花放电。

由图 3-3（b）可以计算流过 C_g 的电流 I，即

$$I = U_g \omega C_g = U_b \omega C_b$$

$$\frac{U_g}{U_b} = \frac{C_b}{C_g} = \frac{\varepsilon_b S}{db} \Big/ \frac{\varepsilon_g S}{d_g} = \frac{\varepsilon_b d_g}{\varepsilon_g d_b}$$

$$\frac{E_g}{E_b} = \frac{U_g}{d_g} \Big/ \frac{U_b}{d_b} = \frac{\varepsilon_b}{\varepsilon_g}$$

式中：U_g、U_b和 E_g、E_b分别为电容 C_g、C_b 承受电电压及电场强度。

由此可见，在交流电压作用下，电场分布主要与该材料的介电常数成反

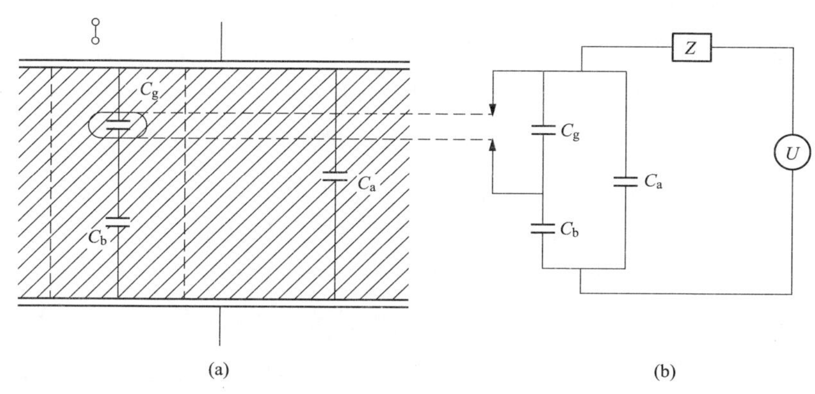

图 3-3 绝缘内部气隙局部放电的等值电路

（a）示意图；（b）等值电路

比，气体的介电常数一般比固体绝缘材料的低很多，因此其承受的电场强度大很多。

在电源电压 $U=U_m\sin\omega t$ 的作用下，C_x 上分到的电压为

$$U_x=U_m\sin\omega t C_b/(C_b+C_x)$$

当 U_x 达到该气隙的放电电压 U_s 时，气隙内发生火花放电，相当于图 3-3（b）中的 C_g 通过并联间隙放电；当 C_g 上的电压从 U_g 迅速下降到熄灭电压（亦称剩余电压）U_r 时，火花熄灭，完成一次局部放电。这一放电过程时间很短，约 10^{-8}s 数量级，可认为瞬时完成。

在上述交流电压的作用下，只要电压足够高，局部放电在每半个周期内可以重复多次；而在直流电压的作用下，情况就大不相同了，这时电压的大小和极性都不变，一旦内部气隙发生放电，气隙放电形成的电荷，在外施电场的作用下移动到气隙壁上，空间电荷会在气隙内建立起反向电场，削弱气隙中的电场，放电熄灭，直到空间电荷通过介质内部电导相互中和而使反向电场削减到一定程度后，才会出现第二次放电。可见在其他条件相同时，直流电压下单位时间的放电次数比交流电压下少很多，因此引起的破坏作用也远小于交流电压下。这也是绝缘在直流下的工作电场强度可以大于交流工作电场强度的原因之一。

局部放电对绝缘的损坏是一个缓慢发展的过程，它对绝缘的破坏主要有以下几点：

（1）局部放电时产生的电子、离子等带电粒子会冲击绝缘，绝缘分子受到

损坏，从而损伤绝缘的特性。

（2）绝缘受到带电粒子的撞击时，被撞击的区域温度将升高，随着持续的撞击，温度会越来越高，严重的情况下甚至可能引起热击穿。

（3）局部放电时产生臭氧和氮的氧化物（NO、NO_2），这些产物会腐蚀绝缘，且遇水后会发生化学反应生成硝酸，对绝缘的危害更大。

（4）当发生局部放电时，绝缘油会因为电解的作用而分解，另外绝缘油原来就有的一些杂质，容易在纸层处堆积因为聚合作用而产生油泥，油泥使得绝缘的介质损耗角增大，散热能力下降，热量大量堆积则可能引起热击穿。由于局部放电是一个缓慢发展的过程，它对绝缘的损伤是慢慢积累的，局部放电的持续存在会使绝缘的劣化程度逐渐增大，最终影响绝缘的正常寿命，甚至击穿整个绝缘。

四、电容式电压互感器的损耗

电容式电压互感器损耗由内部连接线损耗和介质损耗两部分组成。电容器额定电流很小，而且内部连接线电阻很小，所以内部连接线损耗很小，主要为介质损耗。本书以采用聚丙烯塑料薄膜与电容器纸组成复合介质和采用十二烷基苯作浸渍剂的电容式电压互感器为例进行分析，介质损耗可分为以下几个部分。

1. 聚丙烯薄膜损耗

聚丙烯薄膜为非极性电介质。50Hz、20℃时聚丙烯薄膜介损值不大于0.0004，由于非极性高聚物既无弱束缚离子，亦不含有极性基，因此在交流电场下，其极化主要是电子极化，为无损极化。介质损耗主要取决于电导。它们的“$\tan\delta$—温度”特性由“电导率—温度”特性来决定，$\tan\delta$ 与频率的关系很小。

2. 电容器纸损耗

膜纸复合电容式电压互感器的电容器中使用的是高温低损耗电容器纸，由硫酸盐木浆制成，厚度薄、密度大。电容器纸主要由纤维素构成，是极性电介质。电容器纸的介质损耗由极化损耗和电导损耗构成，其中极化损耗主要是偶极子转向极化损耗，显著的极化损耗使这一类电介质具有较大的介质损耗，它们的 $\tan\delta$ 为 0.1%～1.0%，甚至更大。当温度升高时分子热运动加剧，妨碍偶极子转向，极化系数下降，极化损耗减少，而此低温段电导损耗的增加要比极化损耗的减小慢，所以介质损耗因数减小。当温度继续升高时电导随温度升高成指数增加，电导损耗增大，电导损耗的增大要比极化损耗的减小更快，所以介质损耗因数增大。一般情况下 50Hz、80℃时电容器纸介质损耗因数不大于 0.0018。

3. 十二烷基苯损耗

十二烷基苯黏度小、凝点低、介质损耗因素小、在电场作用下有较强的吸气性。十二烷基苯为非极性电介质，介质损耗因数主要由电导引起。因为电容器采用真空浸渍工艺，边抽真空边注油，脱气脱水效果可以得到保证，所以离子电导是十二烷基苯电导的主要因素。影响工程用液体电介质电导的外界因素有杂质和温度。

（1）杂质。杂质的增加会使介质电导和损耗增加，其中水分的影响最大。

（2）温度。温度升高时离子增多，并且移动速度加快，介质电导随温度指数上升，电导损耗增大，所以介质损耗因数增大。

50Hz、20℃时十二烷基苯的介质损耗因数不大于 0.0005，其随温度升高而上升。

4. 绝缘油的损耗

绝缘油为弱极性液体介质，其极化损耗很小，损耗主要由电导引起，其损耗率 P_0（单位体积电介质中的功率损耗）可表示为

$$P_0 = \gamma E^2$$

式中：γ 为电介质的电导率，S/cm；E 为电场强度，V/cm。

由于 γ 与温度有指数关系，故 P_0 也将以指数规律随温度的上升而增大。

5. 其他损耗

（1）气隙局部放电。当绝缘介质中含有气体分子或气隙时，气体分子间的距离很大，相互间的作用力很弱，所以在极化过程中不会引起损耗。如果外加电场还不足以引起电离，则气体中只存在很小的电导损耗（$\tan\delta < 10^{-8}$）。当气体中的电场强度达到放电起始场强 E_0 时，气体中将发生局部放电，这时损耗将急剧增大。这种情况常发生在固体或液体介质中含有气泡的场合，因为固体和液体介质的相对介电常数都比气体介质的相对介电常数大得多，所以即使外加电压还不高时，气泡中也可能出现很大的电场强度而导致局部放电。

（2）绝缘材料受潮后的损耗。水为强极性液体介质，其损耗与温度的关系

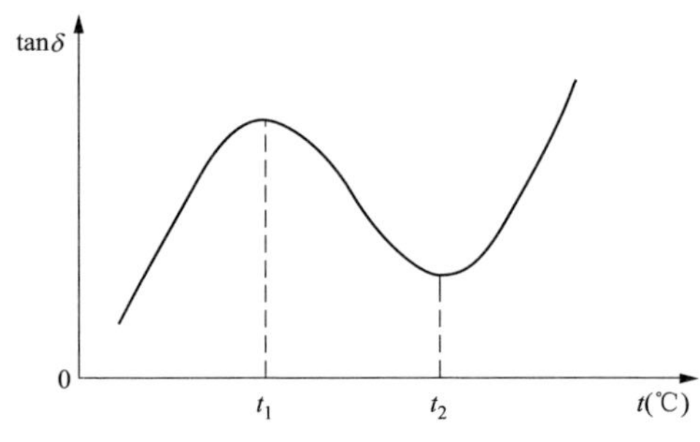

图 3-4　极性液体介质的 tanδ 与温度的关系

较为复杂，如图 3-4 所示。图中的曲线变化可以这样来解释：在低温时，极化损耗和电导损耗都较小；随着温度的升高，液体的黏度减小，偶极子转向极化增强，电导损耗也在增大，所以总的 tanδ 亦上升，并在 $t=t_1$ 时达到极大值；在 $t_1<t<t_2$ 的范围内，由于分子热运动的增强妨碍了偶极子沿电场方向的有序排列，极化强度反而随温度的上升而减弱，由于极化损耗的减小超过了电导损耗的增加，所以总的 tanδ 曲线随 t 的升高而下降，并在 $t=t_2$ 时达到极小值。在 $t>t_2$ 以后，由于电导损耗随温度急剧上升、极化损耗不断减小而退居次要地位，因而 tanδ 就将随 t 的上升而持续增大了。

第三节　绝缘的老化与击穿

电气设备的绝缘在长期运行过程中会发生一系列物理变化和化学变化，致使其电气、机械及其他性能逐渐劣化甚至转变为导体，电气设备的使用寿命一般取决于其绝缘的寿命，而后者与老化过程及击穿密切相关。

本节主要介绍绝缘电介质的老化和击穿机理，分析电容式电压互感器绝缘老化与击穿过程中发生的物理及化学变化，为下文电容式电压互感器试验部分提供检测原理支撑。

一、绝缘的老化

电气设备的绝缘在长期运行过程中会发生一系列如固体介质软化或熔解等形态变化、低分子化合物及增塑剂挥发等物理变化和如氧化、电解、电离、生成新物质等的化学变化，致使其电气、机械及其他性能逐渐劣化，如电导和介质损耗增大、变脆、开裂等，这些现象统称为绝缘的老化。绝缘老化最终导致绝缘失效，电力设备不能继续运行。

促使绝缘老化的原因很多，主要有热、电和机械力的作用，此外还有水分潮气、氧化、各种射线、微生物等因素的作用。绝缘老化的速度与绝缘结构、材料、制造工艺、运行环境、所受电压、负荷情况等有密切关系。

1. 电介质的热老化

在高温作用下，电介质在短时间内就会发生明显的劣化，或温度不太高但作用时间很长情况下，绝缘性能也会发生不可逆的劣化，这就是介质的热老化。温度越高，绝缘热老化越快，寿命越短。

电容式电压互感器固体介质受热后，膜纸绝缘内部的带电粒子热运动加剧，使介质中出现更多的载流子并且给载流子创造了更好的迁移条件，因而电导增大、极化损耗也增大，总的介质损耗急剧增加，从而使介质温度进一步升高，电导和损耗进一步增大。如果散热条件不良，不但会加速热老化，还可能直接导致热击穿。且绝缘纸在老化过程中会产生水，水分会显著加速老化过程，在温度 130℃含水 4%时，绝缘纸的老化率比含水 0.5%时高 20 倍。

电容式电压互感器液体介质的热老化主要表现为油的氧化，油温越高，氧化速度越快。对于绝缘油来说，大约每增高 10℃，氧化速度增加一倍，当油温高达 115～120℃时，油开始热裂解，这一温度称为油的临界温度。此外，局部过热使绝缘油老化的主要原因是油中会分解出多种能溶于油的微量气体，导致油的绝缘强度降低，当微量气体产生速率大于溶于油的速率，油中易聚集形成气泡，其尺寸不断增大直到其上升力大于流动阻力，气泡开始上升，如果这些气泡到达电场强度高的部件附近，将形成局部放电，甚至导致设备的电气故障。

2. 电介质的电老化

电老化指在外加高电压或强电场作用下发生的老化，介质电老化的主要原因是介质中出现局部放电。

电老化是所有的高压电气设备不可避免的一种老化形式，用于高压电气设备的绝缘在制造过程中内部或多或少会存在一些微观尺度甚至宏观尺度的气隙缺陷。当外电场达到气隙的起始放电电压时，就会发生局部放电，破坏绝缘的结构，逐步降低它的绝缘性能。

局部放电引起固体介质腐蚀、老化、损坏的原因如下：

（1）放电产生的带电粒子不断撞击绝缘引起破坏。这些带电粒子可具有 10eV 的能量，大于高分子的键能（约 4eV），所以有可能破坏高分子的结构，造成裂解。

（2）放电能量中有一部分转为热能，而且热量不易散出，结果使绝缘内部温度升高而引起热裂解，还可能因气隙体积膨胀而使材料开裂、分层。

（3）在局部放电区，强烈的离子复合会产生高能辐射线，引起材料分解，例如使分子材料的分子结构断裂或分子间产生交联。

（4）气隙中如含有氧和氮，放电可产生臭氧和硝酸，是强烈的氧化剂和腐蚀剂，能使纤维、树脂、浸渍剂等材料发生化学破坏。

电容式电压互感器的内绝缘中膜纸等有机高分子聚合物绝缘材料的耐局部放电能力比较差，它们的长时击穿场强要比短时击穿场强低很多，所以在采用这一类绝缘材料时，需要在设计阶段将工作场强选的比局部放电起始场强低，以保证设备有足够长的寿命。

绝缘油的电老化主要因局部放电引起油温升高而导致油的裂解和产生出一系列微量气体，此外，油中的局部放电还可能产生聚合蜡状物，其附着在固体介质表面上影响散热，加速固体介质的热老化。

3. 其他老化因素

（1）机械力老化。机械应力对绝缘老化速度有很大的影响。在机械负荷、自重、振动、撞击和短路电流电动力的作用下，绝缘会破坏，机械强度下降。机械应力过大时还可能使固体介质内部产生裂缝或气隙而导致局部放电。

另外材料内部存在拉伸应力时，它的耐放电性能下降。但压缩应力对它的耐放电性能影响不大。由于材料在制造和应用过程中常存在残余拉伸应力，因此它对材料老化寿命的影响极为重要。

（2）湿度老化。环境的相对湿度对绝缘材料耐受表面放电的性能有影响。由于在高相对湿度下，放电的结果在材料表面会生成一层半导电层，使放电产生自衰。因此，在表面放电情况下，一定相对湿度范围内，绝缘材料的电老化寿命随相对湿度的增高而增长；但在较高的相对湿度下，寿命随相对湿度的增高而缩短。如果水分侵入绝缘内部，将会造成介质电损耗增加或击穿电压下降。

（3）化学老化。绝缘材料在水分、酸、臭氧、氮的氧化物等的作用下，物质结构和化学性能会改变，以致电气和机械性能降低。

另外，在户外使用的绝缘材料受日光直接照射，在紫外线作用下也会发生老化。此外，在温热带地区绝缘材料还会受到各种微生物的损害，即所谓微生物老化。

二、绝缘的击穿

一旦作用于固体和液体介质的电场强度增大到一定程度，液体和固体介质在强电场（高电压）的作用下，会出现由介质转变为导体的破坏性放电，这种在绝缘介质中发生的破坏性放电就叫击穿。对于电容式电压互感器，我们常见的绝缘击穿主要可能发生在绝缘油和膜纸绝缘。

1. 绝缘油的击穿

电容式电压互感器所用的绝缘油属于工程用绝缘油，不同于理想的纯净液体，工程用油是含有杂质的，这不仅是因为完全清除油中杂质极其困难，还因为油和大气接触时会逐渐氧化，并从大气中吸收气体和水分；另外在设备制造工程中也会有杂质混入；在运行中油质劣化也会分解出气体、水分和聚合物。这些杂质的介电常数和电导率均与绝缘油不同，从而会畸变油中电场分布，影响油的击穿场强。

水和纤维是绝缘油中最常见也是影响相对较大的杂质，由于水和纤维的相对介电常数很大，很易沿电场方向极化定向，并排列成杂质小桥。受其影响，会有以下两种情况发生：

（1）如果杂质小桥尚未接通电极，则纤维等杂质与油串联，由于纤维的相对介电常数大以及含水分纤维的电导大，使其端部油中电场强度显著增高并引起电离，于是油分解出气体，气泡扩大，电离增强，这样下去必然会出现小桥引起的击穿。

（2）如果杂质小桥接通电极，因小桥的电导大而导致泄漏电流增大，发热会促使水分汽化，气泡扩大，发展下去也会出现气体小桥，使油隙发生击穿。

判断绝缘油的质量，主要依靠测量其电气强度、$\tan\delta$ 和含水量等。除了水分和杂质对其击穿电压有显著的影响外，油温、电场均匀度、电压作用时间以及油压都会影响绝缘油的电气强度。

2. 膜纸绝缘的击穿

（1）电击穿。固体介质的电击穿是指仅仅由于电场的作用而直接使介质破坏并丧失绝缘性能的现象。在介质的电导（或介质损耗）很小又有良好的散热条件以及介质内部不存在局部放电的情况下，固体介质的击穿通常为电击穿，其击穿场强一般可达 $10^5 \sim 10^6$kV/m，比热击穿时的击穿场强高很多，后者仅为 $10^3 \sim 10^4$kV/m。

膜纸绝缘等固体介质中存在少量处于导带能级的电子（传导电子），它们在强电场作用下加速，并与晶格结点上的原子（或离子）不断碰撞。当单位时间内传导电子从电场获得的能量大于碰撞时失去的能量，则在电子的能量达到了能使晶格原子（或离子）发生电离的水平时，传导电子数将迅速增多，引起电子崩，破坏了固体介质的晶格结构，使电导大增而导致击穿。

绝缘薄膜在制造过程中存在电弱点（国标要求每平方允许有10个电弱点，电弱点即易击穿点），电弱点随着运行时间变长，逐步老化，容易形成击穿。如果两层绝缘薄膜的电弱点刚好重合，更易造成局部放电，如系统电压不稳定时，可能会造成该处击穿。

电击穿的主要特征为：击穿电压几乎与周围环境温度无关；除时间很短的情况外，击穿电压与电压作用时间的关系不大；介质发热不显著、电场的均匀程度对击穿电压有显著影响。

（2）热击穿。热击穿是由于固体介质内的热不稳定过程造成的。当固体介质较长期地承受电压的作用时，会因介质损耗而发热，与此同时也向周围散热，如果周围环境温度低、散热条件好，发热与散热将在一定条件下达到平衡，这时膜、纸等固体介质处于热稳定状态，介质温度不会不断上升而导致绝缘的破坏。但是，如果发热大于散热，介质温度将不断上升，导致介质分解、熔化、碳化或烧焦，从而发生热击穿。

（3）电化学击穿。固体介质在长期工作电压的作用下，由于介质内部发生局部放电等原因，使绝缘劣化、电气强度逐步下降并引起击穿的现象称为电化学击穿。在临近最终击穿阶段，可能因劣化处温度过高而以热击穿形式完成，也可以因介质劣化后电气强度下降而以电击穿形式完成。

局部放电是介质内部的缺陷（如气隙或气泡）引起的局部性质的放电。局部放电使介质劣化、损伤、电气强度下降的主要原因为：①放电过程产生的活性气体 O_3、NO、NO_2等介质会产生氧化和腐蚀作用；②放电过程有带电粒子撞击介质，引起局部温度上升、加速介质氧化并使局部电导和介质损耗增加；③带电粒子的撞击还可能切断分子结构，导致介质损坏。局部放电的这几方面影响，对膜纸绝缘等有机绝缘材料来说尤为明显。

电压互感器的绝缘性能及老化程度直接影响着其寿命，设备绝缘部分的劣化、缺陷的发展都有一定的发展期，在此期间，绝缘材料会发出各种物理、化学及电气信息，这些信息反映出绝缘状态的变化情况。

而各种绝缘材料和绝缘结构的电气性能还不能单单依靠理论上的分析计算来解决问题，必须同时借助于各种绝缘试验来检验和掌握绝缘的状态和性能。所以如何通过绝缘试验判断其老化程度是十分重要的。

第四章　电容式电压互感器试验项目及标准

第一节　出厂试验项目及相关标准

电容式电压互感器出厂试验包括：介质损耗角正切值 tanδ 和电容量、工频耐压试验、局部放电测量、电磁单元的工频耐压试验、电容分压器低压端子的工频耐压试验、补偿电抗器及中压回路低压端子的绝缘试验、铁磁谐振试验、准确度试验及电磁单元绝缘油试验共 9 种试验项目。出厂试验中各项试验目参考的标准来源如表 4-1 所示。

表 4-1　出厂试验参考标准

试验项目	参考标准
介质损耗角正切值 tanδ 和电容量	GB/T 4703《电容式电压互感器》 GB 20840.1《互感器通用技术要求》 GB/T 20840.5《电容式电压互感器的补充技术要求》
工频耐压试验	
局部放电测量	
电磁单元的工频耐压试验	
电容分压器低压端子的工频耐压试验	
补偿电抗器及中压回路低压端子的绝缘试验	
铁磁谐振检验	
准确度检验	
电磁单元绝缘油检验	GB/T 4703《电容式电压互感器》 国网（运检/3)827—2017 《国家电网公司变电验收管理规定（试行)》

一、出厂阶段电容式电压互感器介质损耗角正切值 tanδ 和电容量测量试验标准

（1）电容测量可在电容分压器、电容器叠柱或单独的单元上进行。试验时应将电磁单元分开。电容测量采用的方法应能排除由于谐波和测量电路附件所引起的误差。推荐采用电桥法进行电容测量。测量方法的不确定度应在报告中给出。

（2）电容器的损耗角正切 tanδ 应在（0.9～1.1）额定电压 U_{pr} 的电压下与电容测量同时进行，所用方法应能排除由于谐波和测量电路附件所引起的误差。推荐采用电桥法进行 tanδ 测量。应给出测量方法的准确度。测量应在额定频率下或经协商同意在 0.8～1.2 倍额定频率之间的任一频率下进行。

（3）电容量与设计值偏差不超过±2%；

（4）复合介质（膜-纸-膜或纸-膜-纸）的损耗角正切不大于 0.0015，全膜介质的损耗角正切不大于 0.001。

注：各 tanδ 值是矿物油或合成油浸渍的介质在 20℃（293K）时的数值。

二、出厂阶段电容式电压互感器工频耐压试验标准

（1）试验应以实际正弦波的电压进行。电压应从较低值迅速升高到试验电压值，保持 1min（除非另有协议），然后迅速下降到较低电压值再切断电源。电容式电压互感器的试验电压应依据设备最高电压取表 4-2 中的适当值。

表 4-2　各电压等级电容式电压互感器工频耐压试验工频耐受电压参考值

系统标称电压（方均根植，kV）	设备最高电压 U_m（方均根植，kV）	额定短时工频耐受电压（方均根植，kV）
10	12	30/42
35	40.5	80/95
66	72.5	140
		160
110	126	185/200
220	252	360
		395
		460
330	363	460
		510
500	550	630
		680
		740
750	800	900
		960
1000	1100	1100

注　1. 额定短时工频耐受电压中斜线下的数据为外绝缘的干耐受电压。
2. 对同一设备最高电压给出两个绝缘水平者，在选用时应考虑到电网结构过电压水平、过电压保护装置的配置及其性能、可接受的绝缘故障率等。
3. 无另行规定的情况下，工频耐压时间为 1min，系统标称电压为 1000kV 的电容式电压互感器的持续时间为 5min。

（2）应对电容分压器、电容器叠柱或电容器单元进行交流耐压试验。电容分压器试验时，试验电压施加在线路端子与接地端子之间，单元和叠柱试验时的试验电压施加在两个端子之间。当带有低压端子时，在试验时它应直接或通过低阻抗接地。对构成电容器叠柱一部分的单个单元进行试验时，其试验电压为

$$U_{x}=1.05\times U_{cx}\times\frac{U_{N}}{U_{cN}} \tag{4-1}$$

对构成完整电容式电压互感器一部分的单个叠柱进行试验时，其试验电压为

$$1.05\times \text{CVT 测量电压}\times\frac{\text{叠柱的额定电压}}{\text{CVT 的额定电压}}$$

$$U_{x}=1.05\times U_{cx}\times\frac{U_{dN}}{U_{cN}} \tag{4-2}$$

式中：U_x 为试验电压；U_{cx}为 CVT 测量电压；U_N 为单元的额定电压；U_{dN}为叠柱的额定电压；U_{cN}为 CVT 的额定电压。

三、出厂阶段电容式电压互感器局部放电试验标准

（1）所用仪器应为测量以皮库（pC）表示的视在放电量 Q。宽频带仪器应具有的频带宽度至少为 100kHz，其上限截止频率不超过 1.2MHz。窄频带仪器应具有 0.15MHz～2MHz 的谐振频率。优先值应是 0.5MHz～2MHz，但如有可能，测量应在灵敏度最高的频率下进行。

（2）局部放电要求适用于完整的电容分压器，作为叠柱的一部分的电容器单元，或作为电容分压器的一部分的电容器叠柱。

（3）局部放电测量时电磁单元不接入。电磁单元中绝缘的场强低，不要求测量局部放电。

（4）各电压等级局部放电的测量电压与允许水平如表 4-3 所示。

表 4-3　　　　局部放电的测量电压和允许水平

系统的接地方式	局部放电测量电压（方均根植）	对浸于液体中的绝缘局部放电允许水平（pC）
中性点有效接地系统	U_m	10
	$1.2U_m/\sqrt{3}$	5

续表

系统的接地方式	局部放电测量电压（方均根植）	对浸于液体中的绝缘局部放电允许水平（pC）
中性点不接地或非有效接地系统	$1.2U_m$	10
	$1.2U_m/\sqrt{3}$	5

注 1. 如果系统中性点的接地方式不明确，则以中性点不接地或非有效接地系统的规定值为准。

2. 局部放电允许水平对采用不同于系统额定值的频率进行试验时也适用。

3. 如果仅测试电容分压器的部件时，其测量电压值按式（4-1）或式（4-2）计算。

四、出厂阶段电容式电压互感器电磁单元的工频耐压试验标准

（1）对于系统标称电压小于1000kV的电容式电压互感器，其电磁单元低压端子与地之间的额定短时工频耐受电压应等于下列两式计算结果的较高者：

$$U_x = U' \times \frac{C_{1r}}{C_{1r}+C_{2r}} \times K \tag{4-3}$$

$$U_x = U_{pr} \times 3.6 \times \frac{C_{1r}}{C_{1r}+C_{2r}} \tag{4-4}$$

式中：U_x为试验电压；U'为电容式电压互感器的额定短时工频耐受电压（方均根植）；K为电压分布不均匀系数，可取1.05；C_{1r}为高压电容器的额定电容；C_{2r}为中压电容器的额定电容。

（2）为避免铁芯饱和，试验电压的频率可以高于额定频率，试验时间为1min。如果试验频率超过两倍额定频率时，试验时间可少于1min，如式（4-5）所示，且最少不少于15s。

$$T = \frac{2 \times f_n}{f_x} \times 60 \tag{4-5}$$

式中：T为试验时间；f_n为额定频率；f_x为试验频率。

（3）如果电磁单元跨接有保护装置，试验时应防止它动作，试验时，跨接载波附件的保护间隙应短接。

五、出厂阶段电容式电压互感器电容分压器低压端子的工频耐压试验标准

（1）具有低压端子的电容分压器应在低压端子与接地端子之间承受1min的试验电压。试验电压应为交流电压10kV（方均根值）。如果低压端子不暴露于大气中，或带有过电压保护的载波耦合装置，则试验电压应为交流电压

4kV（方均根值）。

（2）无论电容式电压互感器装或不装带过电压保护的载波附件，试验电压都要适用。如果低压端子与地之间装有保护间隙，试验时应防止它动作。试验时载波附件应当断开。如果对载波附件与低压端子的绝缘配合而言试验电压太低，可按用户要求采用较高值。

六、出厂阶段电容式电压互感器补偿电抗器及中压回路低压端子的绝缘试验标准

（1）补偿电抗器的耐受电压试验用单独电源来试验，历时 1min。为避免铁芯过度饱和，可以提高试验电压的频率，此时试验时间可以按式（4-5）的规定适当缩短。试验电压应满足：补偿电抗器绕组端子之间的绝缘水平应与二次侧短路和开断等暂态过程中电抗器上可能出现的最大过电压水平相适应。具体数值由制造方确定。

（2）电磁单元中压回路的低压端子应单独引出，低压端子对地之间的额定工频耐受电压应为 4kV。

七、出厂阶段电容式电压互感器铁磁谐振试验标准

（1）在不超过 $F_v \times U_{pr}$（F_v为电压因数，与 U_{pr}相乘以确定最高电压因数）的任一电压下和负荷为 0 至额定负荷之间的任一值时，由开关操作或者由一次或二次端子上暂态过程引起电容式电压互感器的铁磁谐振应不持续。

（2）电容式电压互感器铁磁谐振要求时间 T_F 之后的最大瞬时误差 $\hat{\varepsilon}_F$ 符合如下要求。

1）对于中性点有效接地系统，见表 4-4。

2）对于中性点非有效接地系统或中性点绝缘系统，见表 4-5。

表 4-4　　中性点有效接地系统铁磁谐振要求

一次电压 U_p（方均根植）	铁磁谐振振荡时间 T_F（s）	经时间 T_F之后最大瞬时误差 $\hat{\varepsilon}_F$
$0.8U_{pr}$	≤0.5	≤10%
$1.0U_{pr}$	≤0.5	≤10%
$1.2U_{pr}$	≤0.5	≤10%
$1.5U_{pr}$	≤2	≤10%

表 4-5　　　中性点非有效接地系统或中性点绝缘系统铁磁谐振要求

一次电压 U_p（方均根植）	铁磁谐振振荡时间 T_F（s）	经时间 T_F 之后最大瞬时误差 $\hat{\varepsilon}_F$
$0.8U_{pr}$	≤0.5	≤10%
$1.0U_{pr}$	≤0.5	≤10%
$1.2U_{pr}$	≤0.5	≤10%
$1.9U_{pr}$	≤2	≤10%

八、出厂阶段电容式电压互感器准确度试验标准

准确度检验应以额定频率和环境温度下，在完整的电容式电压互感器上进行，试验要求如表 4-6 所示。

表 4-6　　　准确度检验标准

二次绕组	检验电压	试验的额定输出范围			
		范围Ⅰ 功率因数 1 额定输出标准值		范围Ⅱ 功率因数 0.8（滞后） 额定输出标准值	
		1.0～7.5VA		10～100VA	
		测量用	保护用	测量用	保护用
一个测量用绕组	U_{pr}	0	/	25%	/
		100%	/	100%	/
一个保护用绕组	$0.05U_{pr}$	/	0	/	25%
		/	100%	/	100%
	$F_v \times U_{pr}$	/	0	/	25%
		/	100%	/	100%
一个测量用绕组和一个保护用绕组	测量用 U_{pr}	0	0	25%	0
		100%	100%	100%	100%
	保护用 $0.05U_{pr}$	0	0	0	25%
		100%	100%	100%	100%
	保护用 $F_v \times U_{pr}$	0	0	0	25%
		100%	100%	100%	100%

注　一个绕组同时用于测量和保护时，则应分别按测量和保护的要求进行试验。

九、出厂阶段电容式电压互感器电磁单元绝缘油试验标准

（1）各电压等级电磁单元绝缘油击穿耐受电压标准如表 4-7 所示。

表 4-7　　　　　　　　　电磁单元绝缘油击穿耐受电压标准

电压等级	耐受电压（kV）
1000kV（750kV）	≥70
500kV	≥60
330kV	≥50
66～220kV	≥40
35kV 及以下	≥35

（2）各电压等级电磁单元绝缘油内水分含量标准如表 4-8 所示。

表 4-8　　　　　　　　　绝缘油内水分含量标准

电压等级	水分含量（mg/L）
1000kV	≤8
330～750kV	≤10
220kV	≤15
110kV 及以下	≤20

（3）抽真空的真空度、温度与保持时间应符合制造厂工艺要求，注油时的真空度、温度与注油时间应符合制造厂工艺要求。

（4）用目视观察法进行检查，发现渗漏油应及时进行处理。

（5）中间变压器油箱应设置油位观察窗，油位应正常。中间变压器油箱应设置油位观察窗，油位应正常。

第二节　型式试验项目及相关标准

电容式电压互感器型式试验是指，对每种型号的 1 台互感器或 2 台互感器所进行的试验，用来验证按同一技术规范制造的所有互感器均应满足除例行试验外所规定的要求。电容式电压互感器型式试验项目包括：温升试验、短路承受能力试验、额定雷电冲击试验、截断雷电冲击试验、户外型电容式电压互感器的湿试验、电磁兼容性（electro magnetic compatibility，EMC）无线电干扰电压 RIV（radio influence voltage）试验共 6 种试验项目。型式试验中各项试验目参考的标准如表 4-9 所示。

表 4-9　　　　　　　　　　型式试验参考标准

<table>
<tr><th>试验项目</th><th>参考标准</th></tr>
<tr><td>温升试验</td><td rowspan="4">GB/T 4703《电容式电压互感器》
GB 20840.1《互感器通用技术要求》
GB/T 20840.5《电容式电压互感器的补充技术要求》</td></tr>
<tr><td>短路承受能力</td></tr>
<tr><td>额定雷电冲击</td></tr>
<tr><td>截断雷电冲击</td></tr>
<tr><td>户外型电容式电压互感器的湿试验</td><td>GB/T 20840.5《电容式电压互感器的补充技术要求》</td></tr>
<tr><td>EMC 无线电干扰电压（RIV）</td><td>GB/T 4703《电容式电压互感器》
GB/T 20840.5《电容式电压互感器的补充技术要求》</td></tr>
</table>

一、出厂阶段电容式电压互感器温升试验标准

试验可在完整的电容式电压互感器或单独的电磁单元上进行。在完整的电容式电压互感器上进行，其一次电压 U_p 应按照表 4-10 的规定调整。

无论其电压因数和额定时间如何，电容式电压互感器或单独的电磁单元均应在 1.2 倍额定一次电压下进行试验。二次侧电压也必须是相应值。试验连续进行至（电磁单元的）温度达到稳定状态。当温升的变化率每小时不超过 1K 时，可认为电磁单元已达到稳定状态。绕组的温升应采用电阻法测定。绕组以外其他部位的温升可用温度计或热电偶测量。

表 4-10　　　　　　　　　　温升试验的试验电压

<table>
<tr><td>负荷</td><td colspan="6">额定负荷</td><td colspan="2">某一个二次绕组的热极限输出[a]</td></tr>
<tr><td>电压因数（故障）持续时间</td><td colspan="2">$F_v=1.2$
（连续）</td><td colspan="2">$F_v=1.5$ 或 1.9
（30s）</td><td colspan="2">$F_v=1.9$
（8h）</td><td colspan="2">—
—</td></tr>
<tr><td>试验连接</td><td>电磁单元</td><td>完整的电容式电压互感器</td><td>电磁单元</td><td>完整的电容式电压互感器</td><td>电磁单元</td><td>完整的电容式电压互感器</td><td>电磁单元</td><td>完整的电容式电压互感器</td></tr>
<tr><td>持续到温升变化值小于 1K/h 的试验电压</td><td>$U_s=\frac{1.2U_{pr}}{k_r}$</td><td>$U_p=1.2U_{pr}$</td><td>$U_s=\frac{1.2U_{pr}}{k_r}$</td><td>$U_p=1.2U_{pr}$</td><td>$U_s=\frac{1.2U_{pr}}{k_r}$</td><td>$U_p=1.2U_{pr}$</td><td>$U_c=\frac{U_{pr}}{k_c}$</td><td>$U_p=U_{pr}$</td></tr>
<tr><td>故障持续时间内的试验电压</td><td>—</td><td>—</td><td>$U_s=\frac{F_vU_{pr}}{k_r}$</td><td>$U_p=F_vU_{pr}$</td><td>$U_s=\frac{1.9U_{pr}}{k_r}$</td><td>$U_p=1.9U_{pr}$</td><td>—</td><td>—</td></tr>
</table>

[a] 如果规定有热极限输出时的补充试验，则参照 GB/T 20840.5 执行。

二、出厂阶段电容式电压互感器短路承受能力试验标准

（1）试验时互感器的起始温度应为5～40℃。电容式电压互感器应在高压端子与地之间施加电压，二次端子之间短接。短路试验进行1次，持续时间为1s。应对电流进行测量和记录。

（2）在短路期间，互感器一次端子所施加电压的方均根值应不低于额定一次电压U_{pr}。

（3）在互感器具有多个二次绕组，或分段，或有抽头时，其试验接线应由制造方与用户协商确定。

（4）冷却到环境温度的电容式电压互感器如果满足下列要求，则认为通过本试验。

1）无可见损伤。

2）误差与本试验前的差异不超过其准确级相应误差限值的一半，且电容值无显著变化。

3）能够承受出场例行试验中的绝缘试验项目。

4）经检查，电磁单元中一次和二次绕组表面接触的绝缘无明显的劣化现象（例如碳化）。如绕组是采用导电率不低于GB/T 5585.1规定值97%的铜线，且绕组的电流密度不大于160A/mm^{2}时，则可以不进行本项检查，电流密度的计算以测得二次绕组对称短路电流方均根值为依据。

三、出厂阶段电容式电压互感器额定雷电冲击试验标准

（1）当电容式电压互感器U_m＜300kV时，额定雷电冲击试验应在正、负两种极性下进行。每一极性连续冲击15次；且各极性的试验存在如下情况，则电容式电压互感器通过本试验。

1）非自恢复性内绝缘未发生击穿。

2）非自恢复性外绝缘未出现闪络。

3）自恢复性外绝缘出现的闪络不超过2次。

4）未发现绝缘损伤的其他证据（例如，同一电压水平下各记录参数波形的变异，过电压限制元件在不同电压水平下对波形的影响可能不相同）。

（2）当电容式电压互感器U_m≥300kV时，额定雷电冲击试验应在正、负两种极性下进行。每一极性连续冲击3次，且各极性的试验存在如下情况，则

电容式电压互感器通过本试验。

1）未发生击穿放电和未发生外绝缘击穿。

2）未发现绝缘损伤的其他证据。

四、出厂阶段电容式电压互感器截断雷电冲击试验标准

（1）试验应在完整的电容式电压互感器上进行，仅以负极性按下述方式与负极性额定雷电冲击试验结合进行。电压应为 GB/T 16927.1 规定的标准雷电冲击波在峰值后 2～8μs 截断。截断线路的配置应使所记录冲击波的反冲值限制为峰值的 30％。应采用合适的间隙使雷电冲击波截断。额定雷电试验电压应按设备最高电压和规定的绝缘水平。截断雷电冲击试验电压应是该电压值的 1.15 倍。

（2）当电容式电压互感器 U_m＜300kV 时，需施加 1 次额定雷电冲击、2 次截断雷电冲击及 14 次额定雷电冲击。

（3）当电容式电压互感器 U_m≥300kV 时，需施加 1 次额定雷电冲击、2 次截断雷电冲击及 2 次额定雷电冲击。

（4）截断雷电冲击前后的额定雷电冲击波形的变异作为内部故障的指示。截断雷电冲击时，自恢复外绝缘上出现闪络不纳入对绝缘性能的评价。

五、出厂阶段电容式电压互感器的湿试验标准

淋雨试验应按照 GB/T 16927.1 的规定进行。

（1）对于 U_m＜300kV 的互感器，试验应以工频电压进行，依据设备最高电压和规定的绝缘水平取 GB 311.1 的相应电压值，需作大气条件校正。

（2）工频耐压湿试验时，应将阻尼和保护装置断开。如果电磁单元与电容分压器之间的中压连接是在内部，则电磁单元可以断开。如果电磁单元与电容分压器之间的中压连接是在外部，则电磁单元可以断开，但它应随后须按出厂阶段电容式电压互感器电磁单元的工频耐压试验规定的工频电压和试验时间单独进行湿试验。

（3）对于 U_m≥300kV 的互感器，试验应以正极性操作冲击电压进行，依据设备最高电压和规定的绝缘水平取 GB 311.1 规定的相应电压值。

六、出厂阶段电容式电压互感器 EMC 无线电干扰电压（RIV）试验标准

（1）当安装在空气绝缘变电站的电容式电压互感器 U_m≥126kV 时，在

$1.1U_m/\sqrt{3}$ 电压下的无线电干扰电压应不超过 2500μV。

（2）应施加预加电压 $1.5U_m/\sqrt{3}$ 并保持 30s，然后，约在 10s 内将电压下降到 $1.1U_m/\sqrt{3}$，保持 30s 后测量无线电干扰电压。

（3）如果在 $1.1U_m/\sqrt{3}$ 下的无线电干扰水平不超过 2500μV 规定的限值，则认为电容式电压互感器通过本试验。

第三节　交接试验项目及相关标准

电容式电压互感器交接试验包括：绕组的绝缘电阻、介质损耗角正切值 tanδ 和电容量、交流耐压试验、局部放电、极性、误差及变比测量、1000kV 电压互感器电磁单元线圈部件的绕组直流电阻、1000kV 电压互感器电磁单元各部件绝缘电阻及 1000kV 电压互感器阻尼器共 9 种试验项目。交接试验中各项试验目参考的标准如表 4-11 所示。

表 4-11　　交接试验参考标准

试验项目	参考标准
绕组的绝缘电阻	Q/GDW 11447《10kV～500kV 输变电设备交接试验规程》 国网（运检/3）827—2017《国家电网公司变电验收管理规定（试行）》 GB 50150《电气装置安装工程电气设备交接试验标准》
介质损耗角正切值 tanδ 和电容量	Q/GDW 11447《10kV～500kV 输变电设备交接试验规程》 国网（运检/3）827—2017《国家电网公司变电验收管理规定（试行）》 GB 50150《电气装置安装工程电气设备交接试验标准》
交流耐压	Q/GDW 11447《10kV～500kV 输变电设备交接试验规程》 《国家电网有限公司十八项电网重大反事故措施（2018 年修订版）》 国网（运检/3）827—2017《国家电网公司变电验收管理规定（试行）》 GB 50150《电气装置安装工程电气设备交接试验标准》 GB/T 311.1—2012《绝缘配合　第 1 部分：定义、原则和规则》
局部放电	Q/GDW 11447《10kV～500kV 输变电设备交接试验规程》 国网（运检/3）827—2017《国家电网公司变电验收管理规定（试行）》 GB 50150《电气装置安装工程电气设备交接试验标准》
极性	Q/GDW 11447《10kV～500kV 输变电设备交接试验规程》 国网（运检/3）827—2017《国家电网公司变电验收管理规定（试行）》 GB 50150《电气装置安装工程电气设备交接试验标准》

续表

试验项目	参考标准
误差及变比测量	Q/GDW 11447《10kV～500kV 输变电设备交接试验规程》 国网（运检/3）827—2017《国家电网公司变电验收管理规定（试行）》 GB 50150《电气装置安装工程电气设备交接试验标准》
1000kV 电压互感器电磁单元线圈部件的绕组直流电阻	Q/GDW 10310《1000kV 电气装置安装工程电气设备交接试验规程》
1000kV 电压互感器电磁单元各部件绝缘电阻	Q/GDW 10310《1000kV 电气装置安装工程电气设备交接试验规程》
1000kV 电压互感器阻尼器	Q/GDW 10310《1000kV 电气装置安装工程电气设备交接试验规程》

一、交接阶段电容式电压互感器绕组绝缘电阻试验标准

（1）测量绝缘电阻应使用 2500V 绝缘电阻表。

（2）一次绕组对二次绕组及外壳，各二次绕组间及其对外壳的绝缘电阻不低于 1000MΩ。

二、交接阶段电容式电压互感器介质损耗角正切值 tanδ（20℃）和电容量试验标准

（1）电容量初值差不超过±2%。

（2）电容式电压互感器应满足介质损耗因数不超过 0.15%；

（3）当对绝缘性能有怀疑时，可采用高压法进行试验，在 $(0.5\sim1)U_m/\sqrt{3}$ 范围内进行，其中 U_m 是设备最高电压（方均根值），$\tan\delta$ 变化量不应大于 0.2%。

（4）1000kV 电容式电压互感器中压臂电容应在额定电压下测量介质损耗 $\tan\delta$ 和电容量，$\tan\delta\leqslant0.2\%$。

三、交接阶段电容式电压互感器交流耐压试验标准

（1）油浸式设备在交流耐压试验前要保证静置时间，110(66)kV 设备静置时间不小于 24h，220kV 设备静置时间不小于 48h，330kV 和 500kV 设备静置时间不小于 72h。

（2）二次绕组之间、二次绕组对外壳进行的 2kV、1min 交流耐压试验，

可用2500kV绝缘电阻表测量代替。

（3）电容式电压互感器电容分压器低压端子（N端子）对地的工频耐压应不小于3kV。

（4）1000kV电容式电压互感器电容分压器交流耐压前后应进行电容量和介质损耗因数的测量，两次测量结果不应有明显差异。

（5）交流耐压应按照出厂值的80%进行，且满足表4-12要求，同时应在高压侧监视施加电压。

表4-12　　　　电容式电压互感器工频耐压试验交接电压

额定电压（kV）	最高工作电压（kV）	1min工频耐受电压（有效值，湿式/干式，kV）
3	3.6	14/20
6	7.2	18/24
10	12	24/33
15	17.5	32/44
20	24	40/52
35	40.5	64/76
66	72.5	112/120
110	126	148/160
220	252	288
		316
		368
330	363	368
		408
500	550	504
		544
		592
750	800	720
		768
1000	1100	800

（6）电压等级66kV及以上的油浸式电磁式电压互感器，交流耐压前后宜各进行一次绝缘油色谱分析试验。

四、交接阶段电容式电压互感器局部放电试验标准

（1）局部放电测量宜与交流耐压试验同时进行。

(2) 电压等级 35～110kV 互感器的局部放电测量可按 10%进行抽测。

(3) 电压等级 220kV 及以上互感器在对其绝缘性能有怀疑时宜进行局部放电试验。

(4) 局部放电测量时应在高压监测施加的一次电压。

(5) 局部放电测量的测量电压及允许的视在放电量应符合表 4-13 所示标准。

表 4-13　　测量电压及允许的视在放电量水平

种类	测量电压（kV）	允许的视在放电量水平（pC）	
		环氧树脂及其他干式	油浸式及气体式
≥66kV	$1.2U_m/\sqrt{3}$	50	20
	U_m	100	50

五、交接阶段电容式电压互感器极性试验标准

电容式电压互感器为减极性。

六、交接阶段电容式电压互感器误差及变比试验标准

(1) 用于关口计量的电磁式电压互感器应进行误差测量。

(2) 用于非关口计量的电磁式电压互感器，35kV 及以上宜进行误差测量，同时应检查其变比，并应与制造厂铭牌相符。

七、交接阶段 1000kV 电容式电压互感器电磁单元线圈部件的绕组直流电阻试验标准

(1) 中间变压器各绕组、补偿电抗器及阻尼器的直流电阻均应测量，其中中间变压器一次绕组和补偿电抗器绕组直流电阻一并测量。

(2) 中间变压器一次绕组和补偿电抗器绕组直流电阻初值差不超过 10%，阻尼器直流电阻初值差不超过 15%。

八、交接阶段 1000kV 电容式电压互感器电磁单元各部件绝缘电阻试验标准

(1) 测量绝缘电阻应使用 2500V 绝缘电阻表；

(2) 中间变压器一次绕组和补偿电抗器绕组绝缘电阻、中间变压器各二次绕组间及对地绝缘电阻及阻尼器对地绝缘电阻均不应低于 1000MΩ。

九、交接阶段 1000kV 电容式电压互感器阻尼器试验标准

（1）具备条件时，阻尼器的励磁特性和检测方法可按出厂标准进行；

（2）在投运前应坚持阻尼器是否已接入规定的二次绕组端子。

第四节　例行试验项目及相关标准

电容式电压互感器例行试验包括：绕组的绝缘电阻、介质损耗角正切值 $\tan\delta$ 和电容量试验、电容式电压互感器绝缘油试验及红外热像试验共 4 种试验项目。例行试验中各项试验目参考的标准如表 4-14 所示。

表 4-14　　例行试验参考标准

试验项目	参考标准
绕组的绝缘电阻	Q/GDW 1168《输变电设备状态检修试验规程》 国网（运检/3)829—2017《国家电网公司变电检测管理规定（试行）》 GB/T 24846《1000kV 交流电气设备预防性试验规程》
介质损耗角正切值 $\tan\delta$ 和电容量	
电容式电压互感器绝缘油	
红外热像	

一、运行阶段电容式电压互感器绕组绝缘电阻试验周期及标准

（1）周期。110(66)～750kV：3 年；1000kV：1 年。

（2）二次绕组绝缘电阻试验应满足：1000kV 的，绝缘电阻值不低于 1000MΩ；其他电压等级的，绝缘电阻值不低于 10MΩ；且测量二次绕组绝缘电阻时应使用 1000V 绝缘电阻表。

（3）电容分压器低压端子对地绝缘电阻不低于 100MΩ；电磁单元低压端子绝缘电阻：一次绕组对二次绕组及地绝缘电阻不低于 1000MΩ；二次绕组之间及对地绝缘电阻不低于 10MΩ。

（4）极间绝缘电阻不低于 5000MΩ（注意值，其他电压等级），极间绝缘电阻不低于 10000MΩ（注意值，1000kV）。

（5）绝缘电阻的数值。所测得的绝缘电阻数值不应小于一般允许值，若低于一般允许值，应进一步分析，查明原因。对电容量较大的高压电气设备的绝缘状况，主要以吸收比和极化指数的大小作为判断的依据。如果吸收比和极化指数有明显下降，说明其绝缘受潮或油质严重劣化。

（6）试验数值的相互比较。在设备未明确规定最低值的情况下，将结果与有关数据比较，包括同一设备的各相的数据、同类设备间的数据、出厂试验数据、耐压前后数据、历次同温度下的数据比较等，结合其他试验综合判断。

（7）应排除适度、温度和脏污的影响。由于温度、湿度、脏污等条件对绝缘电阻的影响很明显，所以对试验结果进行分析时，应排除这些因素的影响，特别应考虑温度的影响。温度的换算表示为

$$R_2 = R_1 \times 1.5^{(t_1 - t_2)/10} \tag{4-6}$$

式中：R_1、R_2为温度为t_1、t_2时的绝缘电阻值，MΩ。

二、运行阶段电容式电压互感器介质损耗角正切值 tan*δ*（20℃）和电容量试验周期及标准

（1）周期。110(66)～750kV：3年，1000kV：1年。

（2）电容量初值差不超过±2%（警示值）。

（3）介质损耗因数。油纸绝缘介质损耗因数不超过0.5%（注意值），膜纸复合介质损耗因数不超过0.25%（注意值）。

（4）在测量电容量时宜同时测量介质损耗因数，多节串联时，应分节独立测量。试验时应按设备技术文件要求并参考DL/T 474进行。除例行试验外，当二次电压异常时，也应进行本试验。

（5）将结果与有关数据比较，包括同一设备的各相的数据、同类设备间的数据、出厂试验数据、耐压前后数据、历次同温度下的数据比较等。为便于比较，宜将不同温度下测得的数值换算至20℃，20～80℃时换算公式为

$$\tan\delta = \tan\delta_0 \times 1.3(t - t_0) \tag{4-7}$$

式中：$\tan\delta_0$ 为温度为t_0时的介质损耗因数值（一般取t_0=20℃）$\tan\delta$ 为温度为t时的介质损耗因数值。

三、运行阶段电容式电压互感器绝缘油试验周期及标准

（1）周期。110(66)～750kV：3年。

（2）电磁单元绝缘油击穿电压不低于50kV，水分不超过10mg/L。

四、运行阶段电容式电压互感器红外热像试验周期及标准

（1）周期。330kV及以上：1个月；220kV：3个月；110(66)kV：半年；35kV及以下：1年。

（2）利用红外热像试验检测高压引线连接处、本体等，红外热像图显示应无异常升温、温差和/或相对温差。

（3）电容式电压互感器红外热像检测时，参照电压致热型设备缺陷判断依据，多采用图像特征分析法、同类比较判断法进行判断分析。

（4）根据同类设备的正常状态和异常状态的热像图，判断设备是否正常；根据同组三相设备、同相设备之间及同类设备之间对应部位的温差进行比较分析。

（5）电压互感器本体热像特征为局部发热或者整体温度偏高，温差大于2K，即可按照严重及以上缺陷处理程序管理。

第五节　诊断试验项目及相关标准

电容式电压互感器诊断试验包括：局部放电试验、电磁单元感应耐压试验、电磁单元绝缘油试验、阻尼装置试验、相对介质损耗因数及相对电容量比值共6种试验项目。诊断试验中各项试验目参考的标准如表4-15所示。

表4-15　　诊断试验参考标准

试验项目	参考标准
局部放电	Q/GDW 1168《输变电设备状态检修试验规程》 国网（运检/3)829—2017《国家电网公司变电检测管理规定（试行)》 GB/T 24846《1000kV交流电气设备预防性试验规程》
电磁单元感应耐压	Q/GDW 1168《输变电设备状态检修试验规程》 国网（运检/3)829—2017《国家电网公司变电检测管理规定（试行)》 GB/T 24846《1000kV交流电气设备预防性试验规程》
电磁单元绝缘油	Q/GDW 1168《输变电设备状态检修试验规程》 国网（运检/3)829—2017《国家电网公司变电检测管理规定（试行)》 GB/T 24846《1000kV交流电气设备预防性试验规程》
阻尼装置	Q/GDW 1168《输变电设备状态检修试验规程》 国网（运检/3)829—2017《国家电网公司变电检测管理规定（试行)》 GB/T 24846《1000kV交流电气设备预防性试验规程》
相对介质损耗因数	国网（运检/3)829—2017《国家电网公司变电检测管理规定（试行)》
对电容量比值	国网（运检/3)829—2017《国家电网公司变电检测管理规定（试行)》

一、运行阶段电容式电压互感器局部放电试验周期及标准

（1）在 $1.2U_{m}/\sqrt{3}$ 下局放量不超过 10pC。

（2）利用本试验诊断是否存在严重局部放电缺陷。

（3）试验在完整的电容式电压互感器上进行。

（4）试验电压不能满足要求时，可将分压电容按单节进行。

二、运行阶段电容式电压互感器电磁单元感应耐压试验周期及标准

（1）试验电压为出厂试验值的 80%或按设备技术文件要求，时间为 60s。。

（2）试验前要把电磁单元与电容分压器分开，若产品结构原因在现场无法拆开时，可不进行耐压试验。

（3）进行感应耐压试验时，耐压时间按式（4-8）进行折算，但应在 15～60s，即

$$T=\frac{2\times f_{n}}{f_{x}}\times 60 \tag{4-8}$$

式中：T 为试验时间；f_{n} 为额定频率；f_{x} 为试验频率。

三、运行阶段电容式电压互感器电磁单元绝缘油试验周期及标准

（1）二次绕组绝缘电阻不能满足要求或存在密封缺陷时，要进行本试验。

（2）各电压等级电磁单元绝缘油击穿耐受电压标准如表 4-16 所示。

表 4-16　　电磁单元绝缘油击穿耐受电压标准

电压等级	耐受电压（kV）
1000kV（新投运）	≥70
1000kV（运行中）	≥60
750kV	≥60
500kV	≥50
330kV	≥45
220kV	≥40
110(66)kV	≥35
35kV 及以下	≥30

（3）各电压等级电磁单元绝缘油内水分含量标准如表 4-17 所示。

表 4-17　　绝缘油内水分含量标准

电压等级	水分含量（mg/L）
1000kV（新投运）	⩽10
1000kV（运行中）	⩽15
330～750kV	⩽15
220kV	⩽25
110kV 及以下	⩽35

（4）测量电磁单元绝缘油内水分应注意油温，并尽量在顶层油温为 40～60℃时取样。

四、运行阶段电容式电压互感器阻尼装置试验周期及标准

阻尼装置应符合设备技术文件要求。

五、运行阶段电容式电压互感器相对介质损耗因数试验周期及标准

（1）相对介质损耗因数（带电）变化量不超过 0.003（注意值）。

（2）具备条件时进行本项试验，检测从电容末端接地线上取信号，单根测试线长度应保证在 15m 以内。

（3）可临近同相的电流互感器末屏电流与本身电流相位差值的正切值。

（4）变化量为本次试验值与初值的差。初值宜选取设备停电状态下的介质损耗因数为合格带电后一周内检测的数值。

（5）相对介质损耗的参考设备宜选择同相异类设备，如果因距离原因可选择同类异相设备，但一经确定就不可更改。当达到缺陷标准时，应停电进行例行试验。

六、运行阶段电容式电压互感器相对电容量比值试验周期及标准

（1）相对电容量比值初值差不超过 5%（警示值）。

（2）具备条件时进行本项试验，检测从电容末端接地线上取信号，单根测试线长度应保证在 15m 以内。

（3）可取临近同相的电流互感器末屏电流换算电容值与本身电容的比值。

（4）初值宜选取设备停电状态下的电容量为合格、带电后一周内检测的数值。

（5）相对电容量的参考设备宜选择同相异类设备，如果因距离原因可选择同相异类设备，但一经确定就不可更改。当达到缺陷标准时，应停电进行例行试验。

第五章　电容式电压互感器常见试验

第一节　绝缘电阻试验

一、基本概念

（一）绝缘材料的吸收曲线

高压电气设备的绝缘结构往往不是采用某种单一的绝缘材料，而是使用若干种不同电介质构成组合绝缘和层式结构，即使只使用一种电介质，它也不可能完全均匀和同质，内部往往含有杂质等。这种绝缘结构的电介质在直流电压作用下，会有微弱的电流流过，这部分电流可视为由三部分构成，分别为电容电流 i_1、吸收电流 i_2 和泄漏电流 i_3，直流电压下电介质的等值电路图和流过的电流如图 5-1 所示。

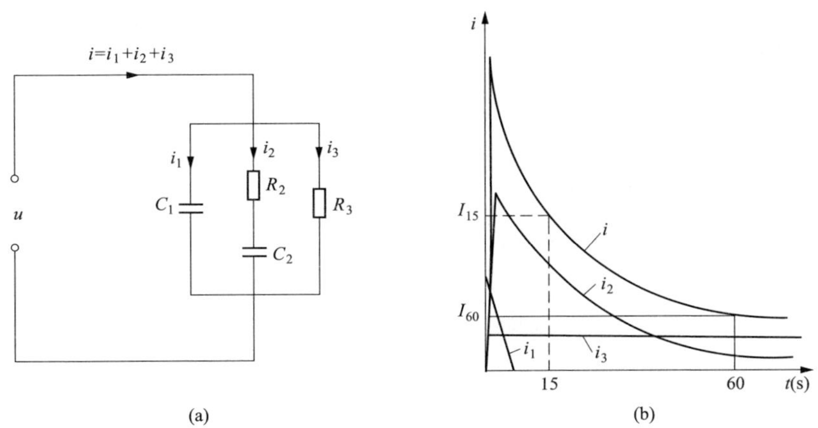

图 5-1　直流电压下不均匀介质中电流构成

（a）等值电路；（b）吸收曲线

1. 电容电流 i_1

直流电压作用在绝缘材料上，加压瞬间相当于给电容充电，数值较大，但迅速下降到零，是一极短暂的充电电流。这部分随时间较快衰减的电容电流与绝缘材料的电容量和外加电压有关，它随时间的变化曲线如图 5-1（b）i_1 曲线所示。在等值电路图 5-1（a）中为流过纯电容 C_1 的电流。

2. 吸收电流 i_2

不均匀介质中吸收电流由缓慢极化和夹层式极化产生，即在直流电压加上的瞬间，介质上的电压按电容分布，而电压稳定后按电阻分布；由于不同介质的电容与电阻不成比例，因此在加上直流电压瞬间到稳定这一过程中，介质上电荷要重新分配，重新分配的电荷在回路中形成电流 i_2，随加压时间增长而逐渐减小，比电容电流 i_1 下降要慢得多，约经数十分钟才衰减到零，具体时间长短取决于绝缘的种类、不均匀程度和结构，在等值电路图 5-1（a）中为流过串联电容 C_2 和电阻 R_2 的电流。吸收电流 i_2 随时间衰减的快慢与介质电容量大小有很大关系，如图 5-1（b）i_2 曲线所示。

3. 泄漏电流 i_3

电介质中有极少数束缚很弱的或自由的离子，当介质在直流电压作用下时，正负离子分别向两极移动形成电流，该电流称为泄漏电流或传导电流。这部分电流是由介质的电导引起的，是一个恒定的电流，如图 5-1（b）i_3 曲线所示。

在等值电路加上直流电压时，电介质中流过的将是电容电流 i_1、吸收电流 i_2 和泄漏电流 i_3，这三个电流分量加在一起，即得出图 5-1（b）中所示总电流 i，它表示在直流电压作用下，流过绝缘的总电流随时间而变化的曲线，称为吸收曲线。

（二）绝缘电阻的测量

在绝缘上施加直流电压 U 时，在吸收电流分量尚未衰减完毕前，此电压与所测电流之比的电阻值是不断变化的，为了简化分析，可将被试品简化为如图 5-2 所示的双层介质等效图，根据该图，可得到

$$R(t)=\frac{U}{i}=\frac{U}{\dfrac{U}{R_1+R_2}+\dfrac{U(R_2C_2-R_1C_1)}{(C_1+C_2)^2(R_1+R_2)R_1R_2}e^{-\frac{t}{\tau}}}$$

$$=\frac{(C_1+C_2)^2(R_1+R_2)R_1R_2}{(C_1+C_2)^2R_1R_2+(R_2C_2-R_1C_1)^2e^{-\frac{t}{\tau}}} \tag{5-1}$$

式中：R_1、R_2 为图 5-2 中 G_1 和 G_2 的倒数。

通常所说的绝缘电阻指吸收电流按指数规律衰减完毕后所测的稳态电阻

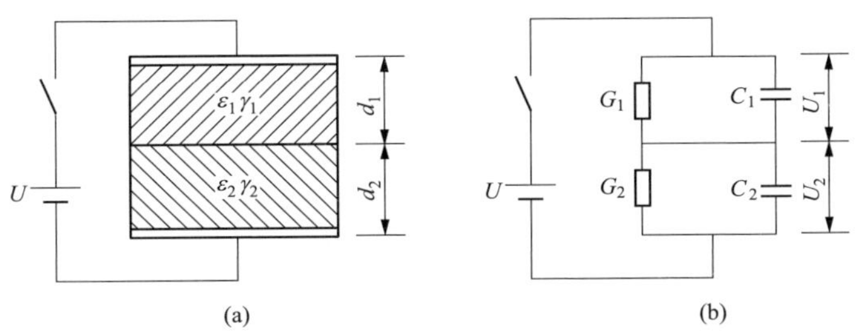

图 5-2　双层介质示意图及等值电路图

（a）示意图；（b）等值电路图

值。在式（5-1）中，如令 t 趋近无穷，可得 $R=R_1+R_2$，即等于两层介质电阻的串联值。由于测试十分简便，因而利用仪表测量这一稳态绝缘电阻值以判断绝缘状态是应用的最普遍的一种试验方法。它能相当有效地揭示绝缘整体受潮、局部严重受潮、存在贯穿性缺陷等情况，因为在这些情况下，绝缘电阻值显著降低，泄漏电流 i_3 将显著增大，而吸收电流 i_2 迅速衰减。

需要指出的是，某些集中性缺陷虽已发展得相当严重，以致在耐压试验时被击穿，但在此前测得的绝缘电阻却并不低，这是因为这些缺陷还没有贯通整个绝缘的缘故。可见仅凭绝缘电阻的测量结果来判断绝缘状态仍是不够可靠的。

二、试验仪器

绝缘电阻表是测量绝缘电阻的专用仪表。常见的绝缘电阻表根据其电压等级有 500、1000、2500、5000V 等几种，从使用形式上又分为手摇式和电动式。高压电力设备预防性试验中，常用的绝缘电阻表有 1000、2500、5000V 等几种。

1. 手摇式绝缘电阻表仪器结构

手摇式绝缘电阻表的原理接线如图 5-3 所示。从绝缘电阻表外观看有三个接线端子，分别是：①“L”端子，即线路端子，输出负极性直流高压，测量时接于被试品的高压导体上；②“E”端子，即接地端子，输出正极性直流高压，测量时一般接于被试品外壳或地上；③“G”端子，即屏蔽端子，输出负极性直流高压，测量时接于被试品的屏蔽环上，以消除表面或其他不需测量部分泄漏电流的影响。绝缘电阻表的磁电系数测量机构的固定部分包括永久磁铁、极掌和铁芯，铁芯与磁极间的气隙中存在不均匀磁场；可动部分包括电压绕组 L_1 和电流绕组 L_2，它们的绕向相反，但装在同一转动轴上，并可带动指针旋转。由于没有弹簧游丝，所以实际上并没有反作用力矩。当绕组中没有电流时，该指针可以停在任意偏转角度。

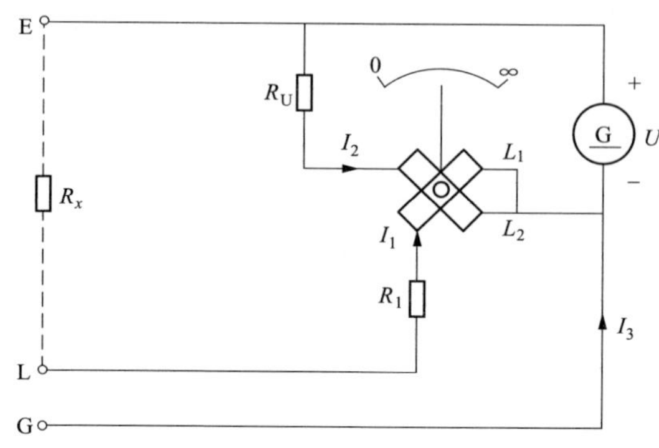

图 5-3　手摇式绝缘电阻表原理图

2. 测试原理

手摇式绝缘电阻表的直流电源一般由内装手摇发电机供给。电动式绝缘电阻表的直流电源则采用电池使晶体管振荡器产生交变电压，经变压器升压及倍压整流后输出的直流高压供给。

图 5-3 中，L_1、L_2 分别为绝缘电阻表的电流绕组与电压绕组，当绕组中没有电流时，指针可停在任一偏转角 α 位置。

R_U为分压电阻，R_1 为限流电阻，R_x为被试设备绝缘电阻。当测量某一试品的 R_x时，绕组 L_1、L_2 中分别流过电流 I_1 和 I_2，产生的两个不同方向的转动力矩为

$$\left.\begin{aligned} M_1 &= I_1 f_1(\alpha) \\ M_2 &= I_2 f_2(\alpha) \end{aligned}\right\} \tag{5-2}$$

在这两个力矩差的作用下，可动部分旋转，一直旋转到力矩平衡为止。即

$$M_1 = M_2 \text{ 或 } I_1 f_1(\alpha) = I_2 f_2(\alpha) \tag{5-3}$$

$$I_1/I_2 = \frac{f_2(\alpha)}{f_1(\alpha)} = f(\alpha) \tag{5-4}$$

$$\alpha = f(I_1/I_2) \tag{5-5}$$

由图 5-3 可知，I_1 的大小取决于回路电压 U 以及 R_1 和 R_x之和，即 $I_1 = U/(R_1 + R_x)$；I_2 的大小取决于 U 和 R_U，即 $I_2 = U/R_U$。所以

$$\alpha = f\left(\frac{U/(R_1 + R_x)}{U/R_U}\right) = f\left(\frac{R_U}{R_1 + R_x}\right) \tag{5-6}$$

由于 R_1、R_U为常数，所以

$$\alpha = f(R_x) \quad (5\text{-}7)$$

即绝缘电阻表偏转角 α 的大小是绝缘电阻 R_x 的函数，由 R_x 决定。

流过屏蔽端子“G”的电流 I_3 不流过电流绕组 L_1、L_2，所以对绝缘电阻表偏转角度 α 无影响，即测得的绝缘电阻不受绝缘表面状态的影响，起到了屏蔽作用。

将“L”“E”端子短接，流过电流绕组 L_1 的电流最大，指针按逆时针方向旋转到最大位置，此位置应是“0”刻度端。当“L”“E”端子间开路时，电流绕组中没有电流流过，仅在电压绕组 L_2 中有电流流过，指针按顺时针方向旋转到最大位置，指向“∞”刻度端，即被试电阻阻值为无穷大。这种方法在现场可以用于简单地判断绝缘电阻表是否正常。注意短接“L”“E”端子的时间不宜过长。

当“L”“E”端子间接上被测电阻 R_x 时，其数值若在“0”与“∞”之间变化，则指针停留的位置由通过 L_1、L_2 两个绕组中的电流 I_1 和 I_U 的比值决定。由于 R_x 是串联在 L_1 支路中，故 I_1 的大小随着 R_x 的大小改变而改变，于是 R_x 的大小就决定了指针的偏转角度。

将标准电阻作为被试件来刻度绝缘电阻表的表盘，然后用此绝缘电阻表测量被测电阻，根据表盘指示就可以得出被测电阻的大小。

绝缘电阻测得的绝缘电阻值与其端电压有关，当被测试品绝缘电阻过低时，表内电压降将使其端电压显著下降，而端电压剧烈下降时测得的绝缘电阻值将不能反映绝缘的真实情况。一般绝缘电阻表的容量较小，因此测量大容量设备的绝缘电阻时一般准确性都较低。

不同型号的绝缘电阻表的负载特性不同，使用不同型号的绝缘电阻表，测量结果也会出现明显差异，所以在实际测量中为便于横向及纵向比较，同类设备尽量采用同一型号的绝缘电阻表。

三、试验方法

根据《国家电网公司变电检测管理规定（试行）第 23 分册 绝缘电阻试验细则》，电容式电压互感器绝缘电阻试验应包含四部分内容，即极间绝缘电阻、低压端对地绝缘电阻、二次绕组绝缘电阻及中间变压器绝缘电阻。根据 Q/GDW 1168《输变电设备状态检修试验规程》，在进行预防性试验时，测量二次绕组绝缘电阻应选用 1000V 测量电压，其他情况选用 2500V 测量电压。

因厂家不同，电容式电压互感器在结构上也有一定区别，主要分为有中压接地开关和无中压接地开关，从绝缘电阻试验角度分析，这两种结构并无差异，试验过程中如无特殊说明，将中压接地开关置于运行位置即可，进行绝缘电阻试验前，宜将电容分压器低压端子 N 对地和电磁单元低压端子 X_L 对地都打开，电容式电压互感器接地开关处于合闸位置。

（一）500kV 电容式电压互感器绝缘电阻试验方法

500kV 电容式电压互感器现场常见有三节或四节结构，其中三节较为常见，四节电容式电压互感器绝缘电阻试验和三节基本一致，下文以三节结构为例对 500kV 电容式电压互感器绝缘电阻试验接线方法进行介绍。

三节结构的 500kV 电容式电压互感器绝缘电阻试验包含 7 部分内容，根据现场实际情况，各部分绝缘电阻在测量时的接线有一定差异，下面对其分别介绍。

1. 上节分压电容 C_{11} 极间绝缘电阻

对上节分压电容 C_{11} 极间绝缘电阻进行测量时，试验电压选用 2500V，通常采用如图 5-4 所示接线方式，即将绝缘电阻表 L 端接至高压电容 C_{11} 下法兰处，绝缘电阻表 E 端接地，将绝缘电阻表 G 端接至中压电容 C_{12} 下法兰处，使 C_{12} 两端等电势，消除中压电容极间绝缘、低压电容极间绝缘、N 对地、X_L 对地对 C_{11} 极间绝缘电阻的影响。

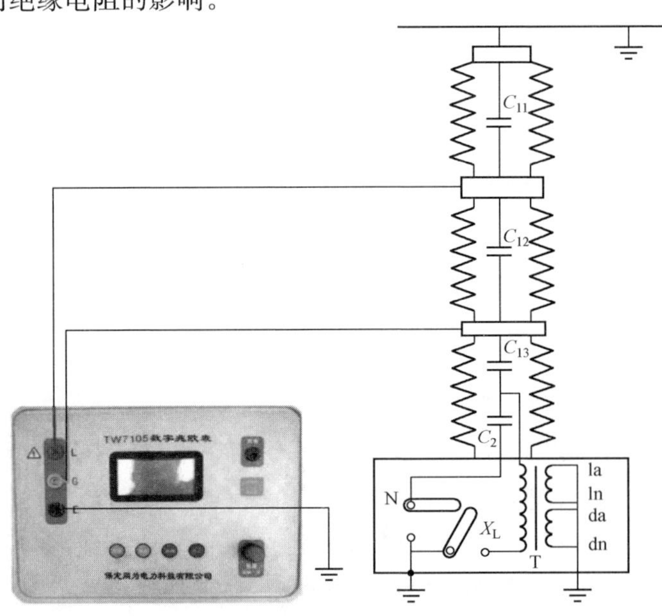

图 5-4　C_{11} 极间绝缘电阻试验接线方法（一）

当一次引线可拆除或接地开关可打开时，可采用如图 5-5 所示接线方式，将绝缘电阻表 L 端接至高压电容 C_{11} 上法兰处，绝缘电阻表 E 端接至 C_{11} 下法兰，该方法测量结果应与上述方法无较大差异。

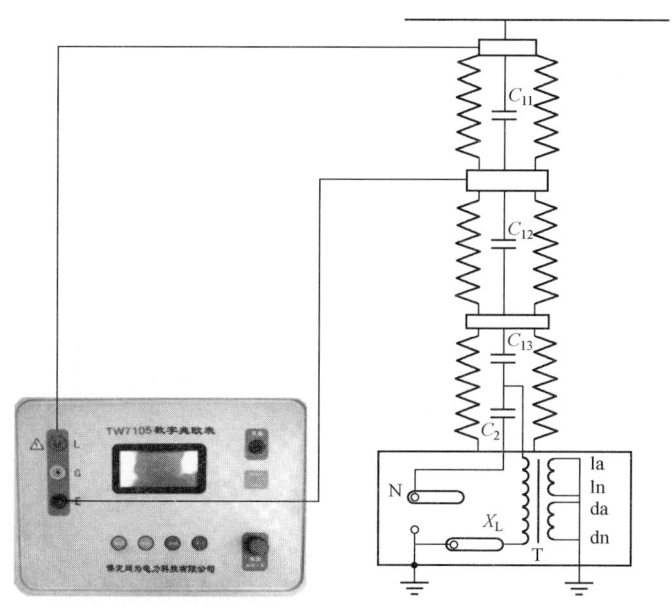

图 5-5　C_{11} 极间绝缘电阻试验接线方法（二）

2. 中节分压电容 C_{12} 极间绝缘电阻

对中节分压电容 C_{12} 极间绝缘进行测量时，试验电压选用 2500V，通常采用如图 5-6 所示的接线方式，绝缘电阻表 L 端接至高压电容 C_{11} 下法兰处，绝缘电阻表 E 端接至中压电容 C_{12} 下法兰处。亦可将屏蔽线 G 接至 C_{11} 上法兰或地，使 C_{11} 两端等电势，使测量结果更准确，接线方式如图 5-7 所示。当打开地刀或拆除一次引线时，可不再加屏蔽。

3. 下节分压电容 C_{13} 极间绝缘电阻

对下节分压电容 C_{13} 极间绝缘电阻进行测量时，试验电压选用 2500V，下节分压电容 C_{13} 极间绝缘电阻可采用如图 5-8 所示接线方式，将绝缘电阻表 L 端接至中节分压电容 C_{12} 下法兰处，E 端接至 X_L 处，G 端接至上节分压电容 C_{11} 下法兰处，实现对流经 C_{13} 上部泄漏电流的屏蔽。

试验时，当一次引线可拆除或接地开关可打开时，则可以取消屏蔽，采用如图 5-9 所示的接线方式。也可以将绝缘电阻表 L 端接至中节分压电容 C_{12} 下

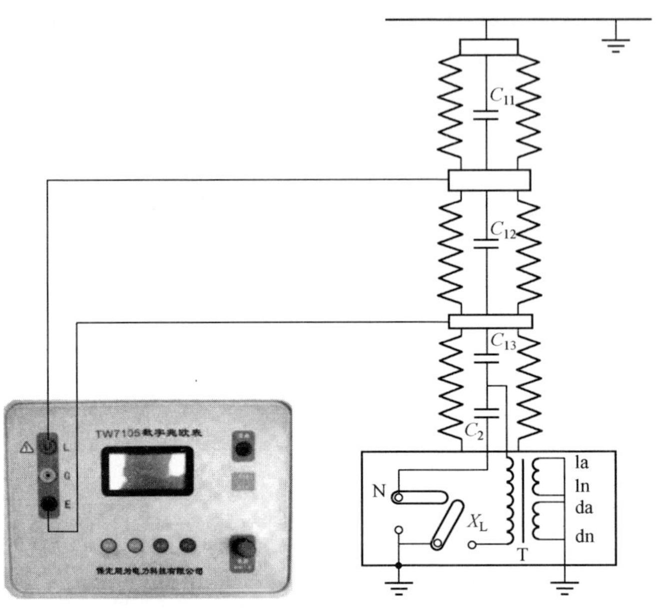

图 5-6　C_{12}极间绝缘电阻试验接线方法（一）

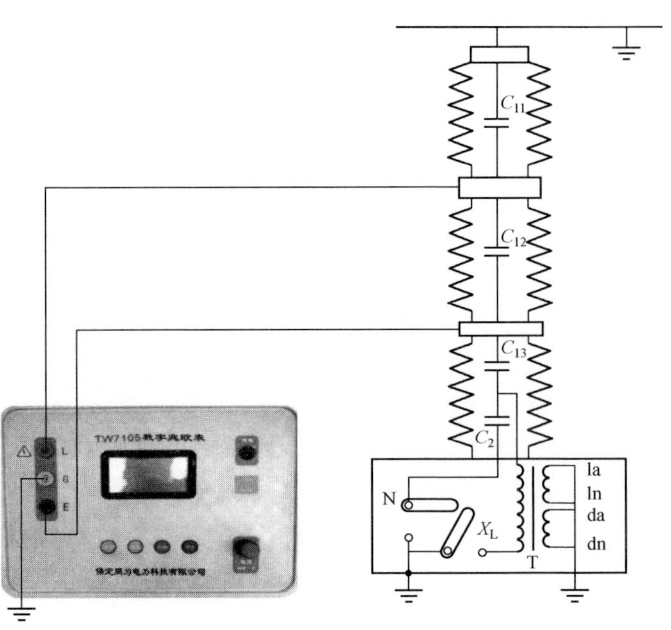

图 5-7　C_{12}极间绝缘电阻试验接线方法（二）

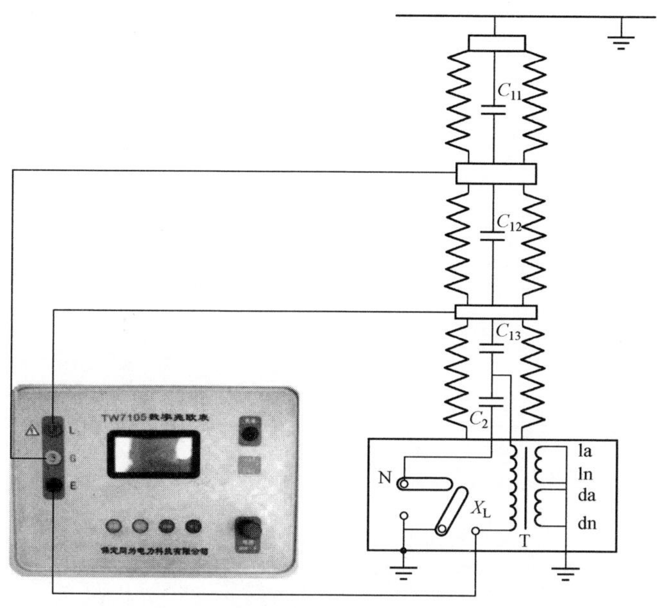

图 5-8　C_{13}极间绝缘电阻试验接线方法（一）

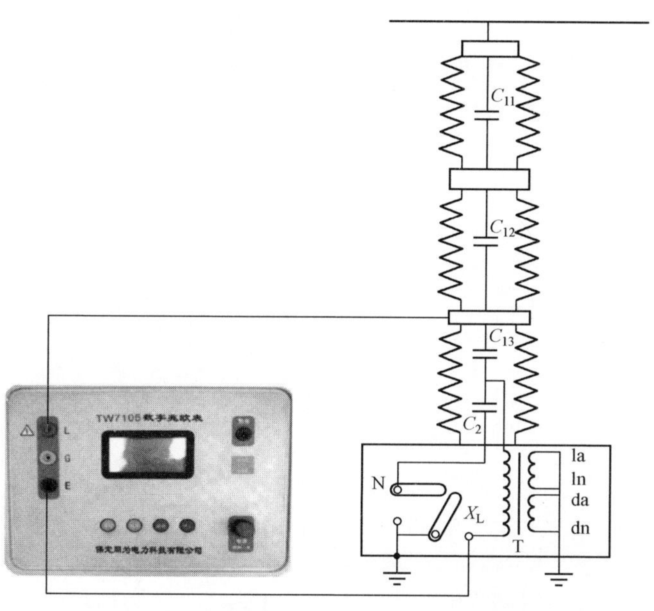

图 5-9　C_{13}极间绝缘电阻试验接线方法（二）

法兰处；X_L 接地（有中压接地开关的，可将其打至试验位置），将绝缘电阻表 E 端接地，如图 5-10 所示，完成对 C_{13}绝缘电阻的测量。

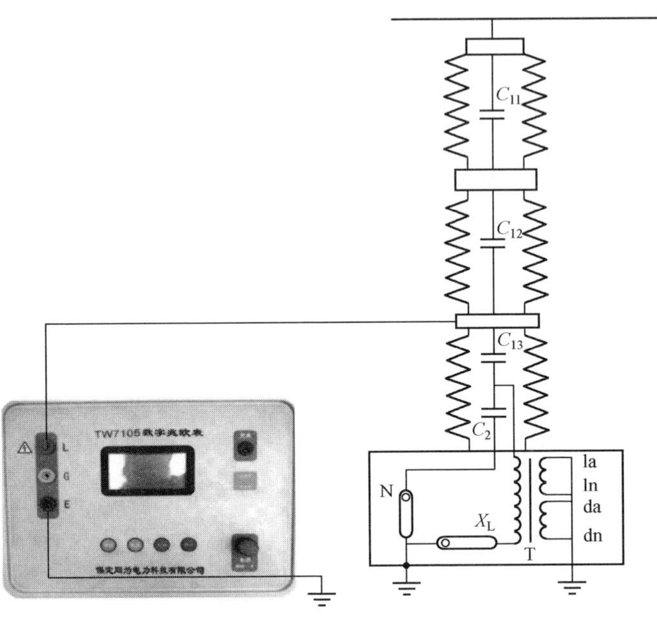

图 5-10 C_{13}极间绝缘电阻试验接线方法（三）

4. 下节分压电容 C_2 极间绝缘电阻

对下节分压电容 C_2 极间绝缘电阻进行测量时，试验电压选用 2500V，可采用如图 5-11 所示的接线方式，即将绝缘电阻表 L 端接至电容分压器低压端

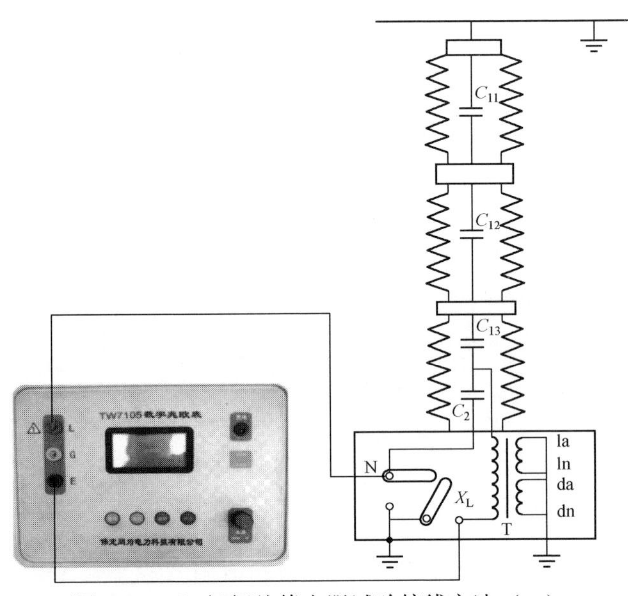

图 5-11 C_2 极间绝缘电阻试验接线方法（一）

子（即 N 点），将 E 端接至 X_L 处；为了消除 N 对地泄漏电流的影响，可将绝缘电阻表 G 端接至地端，如图 5-12 所示。当打开接地开关或拆除一次引线时，用上述接线方法测量试验接线时对试验结果基本无影响，不再赘述。如有中压接地开关，可将其打至试验位置，测试时，绝缘电阻表 L 端接至电容分压器低压端子（即 N 点），将 E 端接地即可。

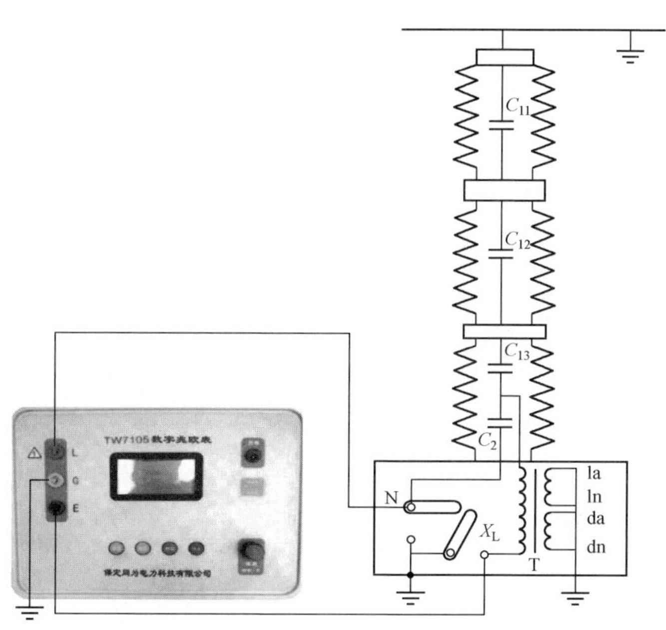

图 5-12　C_2 极间绝缘电阻试验接线方法（二）

5. 低压端对地绝缘电阻

低压端对地绝缘电阻分为电容分压器低压端子 N 对地绝缘电阻和电磁单元低压端子 X_L 对地绝缘电阻，分别介绍如下。

对电容分压器低压端子 N 对地绝缘电阻进行测量时，试验电压选用 2500V，测量接线如图 5-13 所示，将绝缘电阻表 L 端接至 N 点，E 端接地（有中压接地开关的，应将把手打至试验位置）。如无中压接地开关，采用此接线方式测试时，无法避免分压电容 C_2 及和低压端子 X_L 对地绝缘电阻的影响（分压电容 C_{13}、C_{12}、C_{11} 极间绝缘电阻与低压端子 X_L 对地绝缘电阻相比较大，并联后可认为约等于低压端子 X_L 对地绝缘电阻）。为了避免上述影响，可将 X_L 端子接绝缘电阻表屏蔽端子 G 进行改进，如图 5-14 所示。打开接地开关或拆除一次引线时，对上述试验数据无影响。

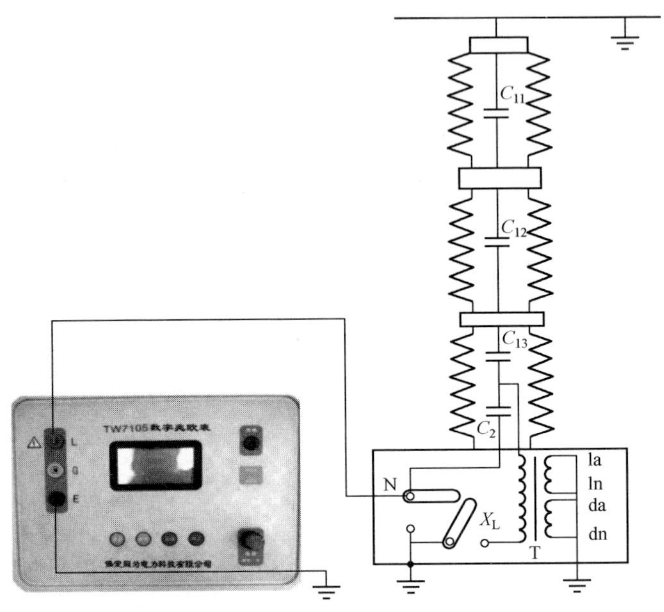

图 5-13　N 端子对地绝缘电阻试验接线方法（一）

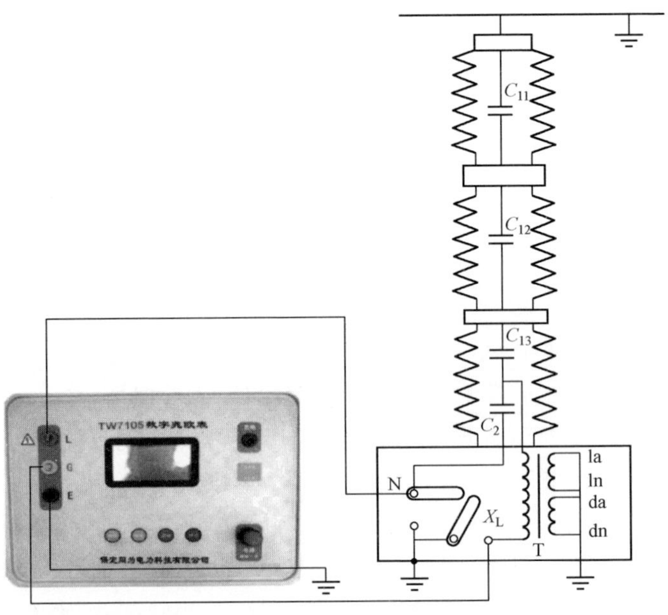

图 5-14　N 端子对地绝缘电阻试验接线方法（二）

对电磁单元低压端子 X_L 对地绝缘电阻进行测量时，试验电压选用 2500V，测量接线如图 5-15 所示，将绝缘电阻表 L 端接至 X_L 端子，E 端接地，N 点悬空（有中压接地开关的，应将把手打至运行位置）。

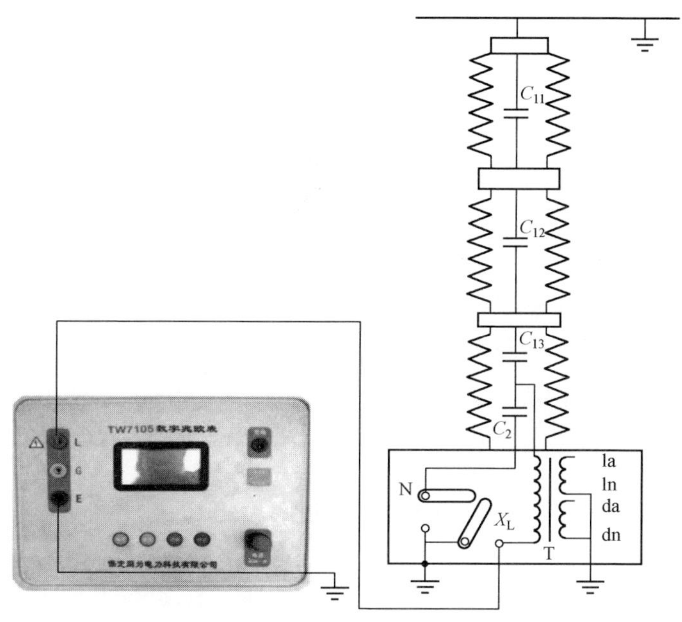

图 5-15　X_L 端子对地绝缘电阻试验接线方法（一）

采用此接线方式测试时无法避免分压电容 C_2 及和电容分压器低压端子 N 对地绝缘电阻串联的影响（分压电容 C_{13}、C_{12}、C_{11} 极间绝缘电阻与分压电容 C_2 和电容分压器低压端子 N 对地绝缘电阻相比较大，并联后可认为约等于电容分压器低压端子 N 对地绝缘电阻）。为了避免上述影响，可将 N 端子接绝缘电阻表屏蔽端子 G 进行改进，如图 5-16 所示。打开接地开关或拆除一次引线时，对上述试验数据几无影响。

6．一次绕组对二次绕组及地绝缘电阻

对中间变压器一次绕组对二次绕组及地绝缘电阻进行测量时，试验电压选用 2500V，可将绝缘电阻表 L 端接至 X_L 处，E 端接地，二次绕组短接接地，如图 5-17 所示。而将 G 接至 N 点，则可以消除 N 点对地及 C_2 泄漏电流影响，如图 5-18 所示，该方法无法避免上节电容 C_{11}、中节电容 C_{12} 及下节分压电容 C_{13} 对试验结果的影响，而当接地开关可拉开或一次引线可拆除时，采用如图 5-19 所示的屏蔽接线，其测量结果准确度更高。

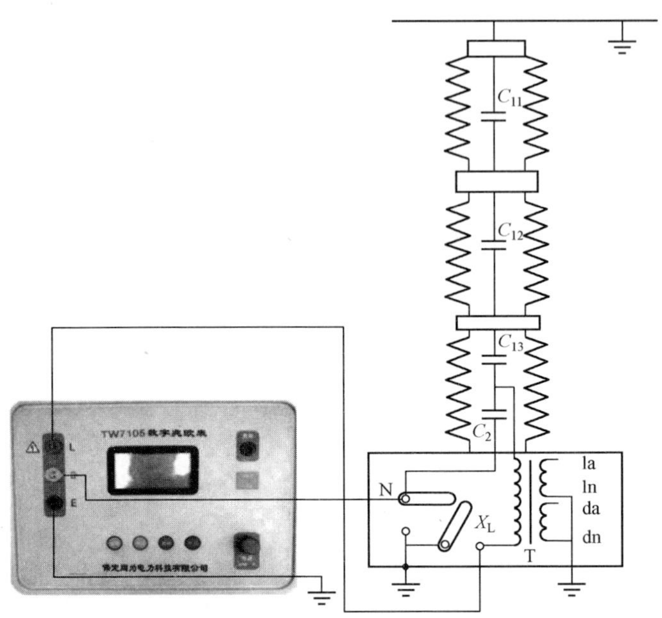

图 5-16　X_L 端子对地绝缘电阻试验接线方法（二）

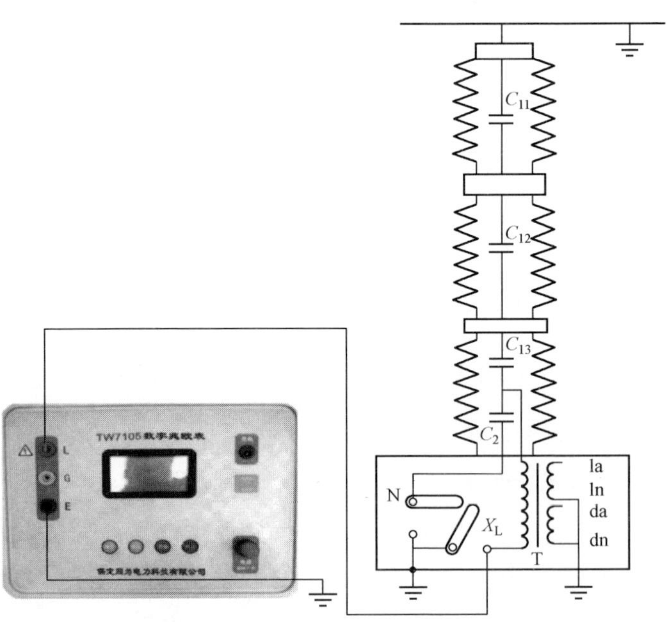

图 5-17　一次绕组对二次绕组及地绝缘电阻试验接线方法（一）

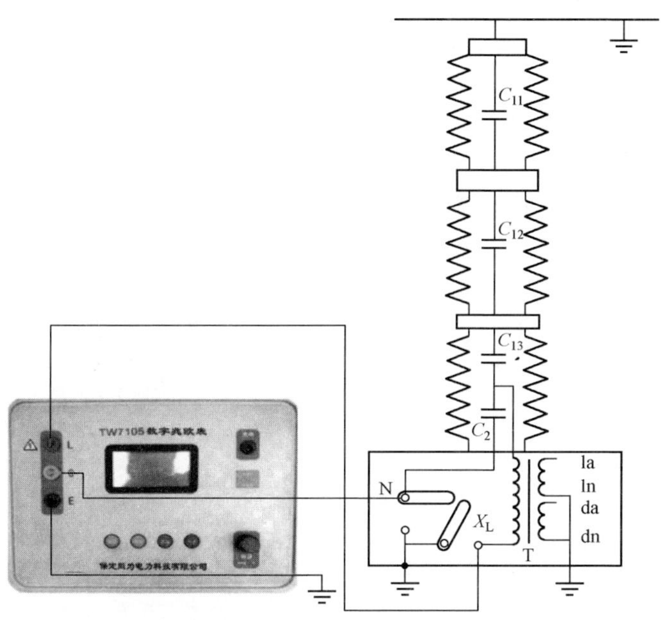

图 5-18　一次绕组对二次绕组及地绝缘电阻试验接线方法（二）

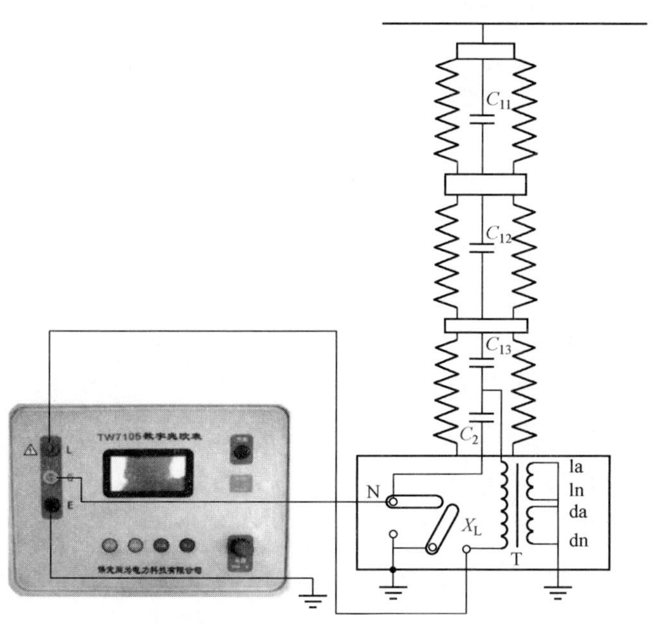

图 5-19　一次绕组对二次绕组及地绝缘电阻试验接线方法（三）

7. 二次绕组对其他绕组及地绝缘电阻

对二次绕组对其他绕组及地绝缘电阻进行测量时，试验电压选用 1000V，测量二次绕组间绝缘电阻，一般将待测绕组短接接至绝缘电阻表 L 端，非被测绕组短接并与 E 端相连后接地，N 端子和 X_L 端子接地，如图 5-20 所示。若有中压接地开关，应将其打至试验位置。

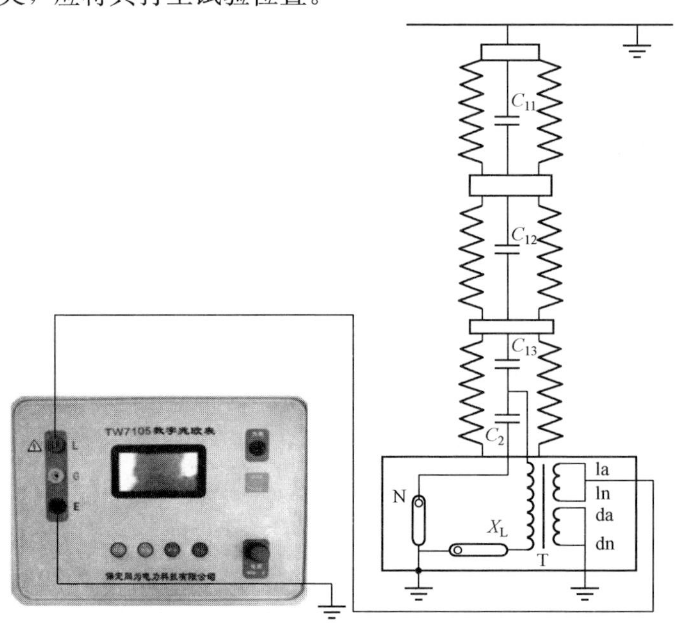

图 5-20　二次绕组对其他绕组及地绝缘电阻试验接线方法

（二）220kV 电容式电压互感器绝缘电阻试验方法

220kV 电容式电压互感器通常为两节结构，其绝缘电阻试验包含 6 部分内容，其中，220kV 电容式电压互感器下节分压电容 C_2 极间绝缘电阻、低压端子对地绝缘电阻、一次绕组对二次绕组及地绝缘电阻、二次绕组对其他绕组及地绝缘电阻与 500kV 电容式电压互感器相应位置绝缘电阻试验方法相同，此处不再赘述，下面分别介绍其他各部分绝缘电阻试验接线方法。

1. 上节分压电容 C_{11} 极间绝缘电阻

测量上节分压电容 C_{11} 极间绝缘电阻时，试验电压选用 2500V，将绝缘电阻表 L 端接至上节分压电容 C_{11} 下法兰处，E 端接地，屏蔽线 G 接至 X_L 处，如图 5-21 所示。有中压接地开关的，应处于运行位置。

当打开接地开关或拆除一次引线时，可采用如图 5-22 所示的接线方式，将绝

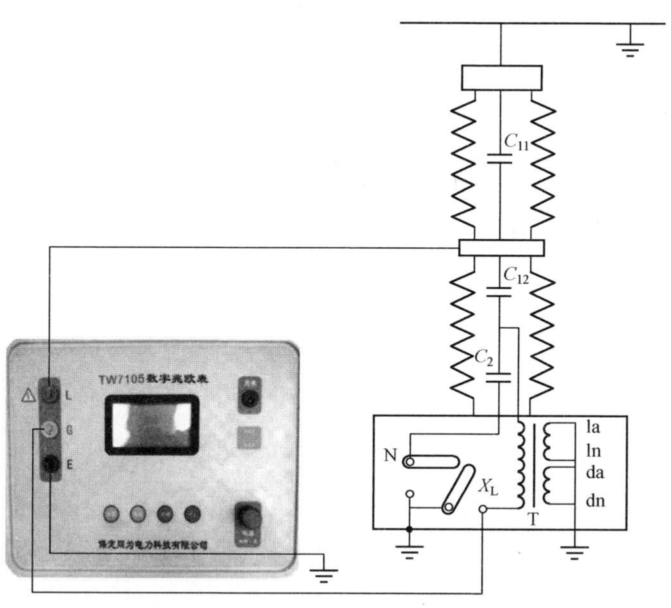

图 5-21　C_{11}绝缘电阻试验接线方法（一）

缘电阻表 L 端接至上节分压电容 C_{11} 上法兰处，E 端接至上节分压电容 C_{11} 下法兰处，低压端 X_L 和 N 点悬空（中压接地开关位置无影响），试验电压选用 2500V。

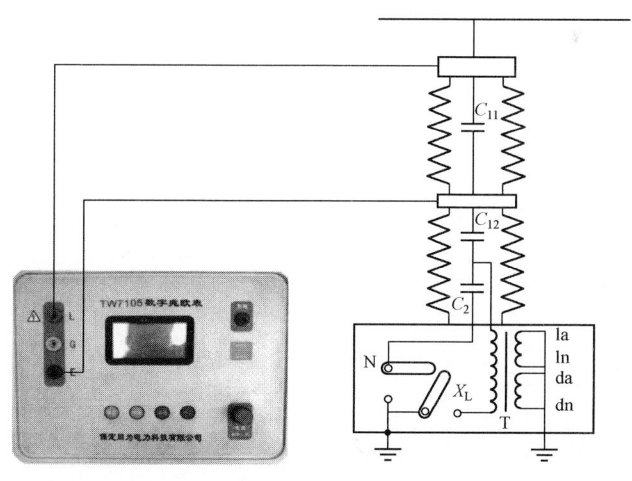

图 5-22　C_{11}绝缘电阻试验接线方法（二）

2. 下节分压电容 C_{12} 极间绝缘

测量下节分压电容 C_{12} 极间绝缘电阻时，试验电压选取 2500V，将绝缘电阻表 L 端接至上节分压电容 C_{11} 下法兰处，表 E 端接至 X_L 处，如图 5-23 所示，通过将 G 接至 C_{11} 上法兰或地，可屏蔽流经 C_{11} 的泄漏电流，如图 5-24 所示。

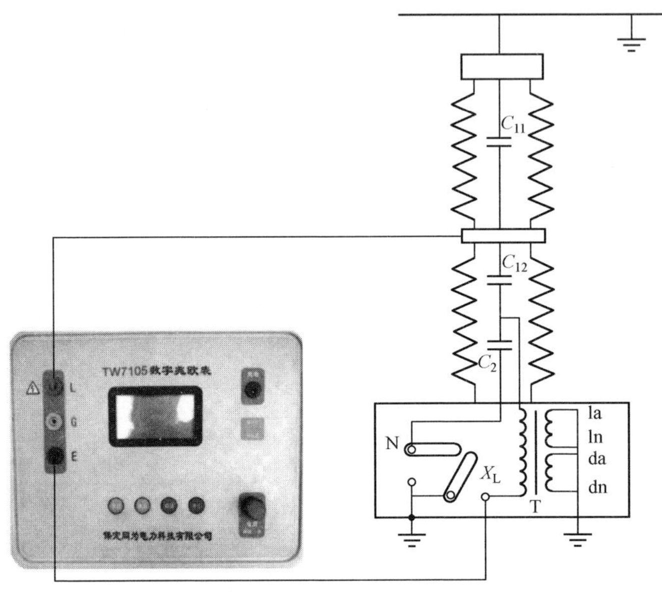

图 5-23　C_{12} 绝缘电阻试验接线方法（一）

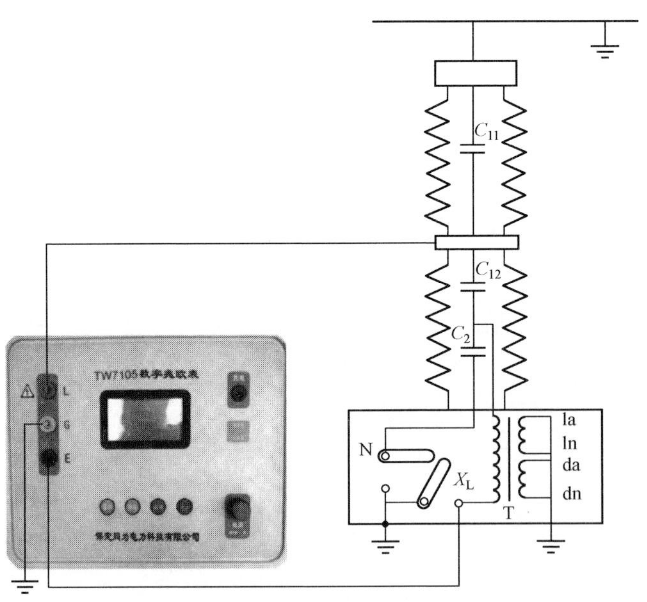

图 5-24　C_{12} 绝缘电阻试验接线方法（二）

当打开接地开关或拆除一次引线时，可采用如图 5-23 或图 5-25 所示的接线方式。图 5-25 中，绝缘电阻表 L 端接至中压电容 C_{11} 下法兰处，E 端接地，N 点接地，X_L 接地（有中压接地开关的，可将其打至试验位置），有效屏蔽了流经 C_2 的泄漏电流。

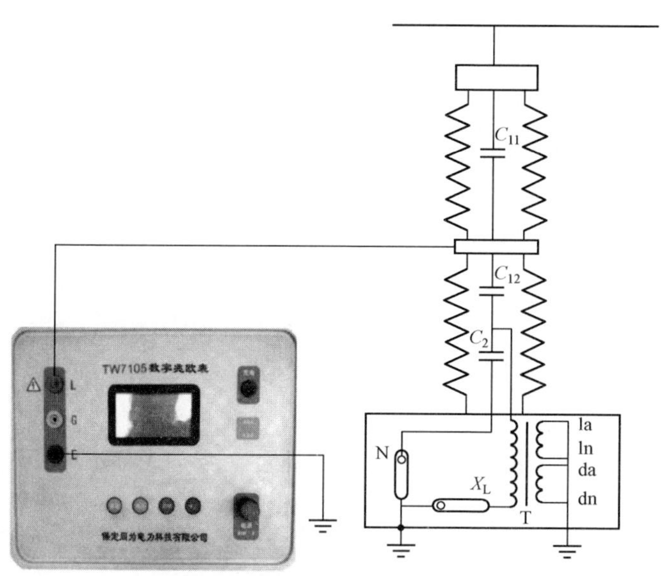

图 5-25　C_{12} 绝缘电阻试验接线方法（三）

（三）35kV 电容式电压互感器绝缘电阻试验方法

35kV 电容式电压互感器通常只有一节分压电容，测试时，多采用拆开一次引线或者拉开高压侧接地开关，保证一次侧悬空，测量绝缘电阻方法可参考 500kV 电容式电压互感器对应位置绝缘电阻测试方法，这里不再赘述。

四、注意事项

（1）测试时，绝缘电阻表 L 端与 E 端导线不得缠绕，测试前检查导线绝缘情况，保证导线绝缘良好。

（2）绝缘电阻表 L 端与 E 端不能接错，否则会影响测量结果。

（3）绝缘电阻测量值过低时，应首先排除环境温度、湿度、表面脏污、感应电压的影响，在完全排除外界干扰后再进行分解试验。

（4）测量同类设备时，最好选用相近的测量环境及同型号绝缘电阻表。

五、影响因素

1. 温度

运行中的电容式电压互感器温度会随周围环境变化，其绝缘电阻也随温度变化。一般情况下，绝缘电阻随温度升高而降低，与导体的电阻随温度的变化规律相反，当温度升高时，绝缘介质内部离子、分子运动加剧，电介质内的水分及杂质、盐分等物质也呈扩散趋势，使电导增加，绝缘电阻降低。

不同的电力设备及不同材料制成的同种电力设备，其绝缘电阻随温度的变化也不一样，现场测量很难保证在完全近似的温度下进行。为了进行试验结果比较，有关单位曾给出一些设备的温度换算系数，但由于设备的陈旧程度，干燥程度，使用的测温方法等因素影响，很难得出一个准确的换算系数，因此实际测量绝缘电阻时，必须记录试验温度（环境温度及设备本体温度），而且尽可能在相近温度下进行测量，以避免温度换算引起的误差。

2. 表面脏污和受潮

周围环境湿度的变化及空气污染造成瓷质绝缘子表面脏污，对电容式电压互感器绝缘电阻的影响很大。空气相对湿度增大时，瓷质绝缘子表面吸附水分，使表面电导率增加，绝缘电阻降低，当瓷质绝缘子表面形成连通水膜时，绝缘电阻显著降低。

例如，雨后对某变电站一台500kV电容式电压互感器中节电容极间绝缘电阻进行测量，发现其数据不合格，采用屏蔽法进行复测，并在天气晴朗时再次测量，三次测量所得数据如表5-1所示。可以看出，通过屏蔽被试品表面泄漏电流或保持被试品表面干燥可以消除湿度对绝缘电阻测量的影响。同样的，电力设备表面脏污也会使其表面电阻大大降低，导致绝缘电阻显著下降。因此，现场测量绝缘电阻时都必须用屏蔽环消除表面泄漏电流的影响，烘干或清擦干净设备表面，以得到真实的测量值。

表5-1　　500kV电容式电压互感器中节电容极间绝缘电阻

环境条件	温度（℃）	湿度	绝缘电阻（MΩ）
雨后	22	90%	2000
屏蔽后	22	90%	15000
天晴晴朗	25	40%	20000

3. 被试设备剩余电荷

大容量设备运行中遗留的残余电荷或试验中形成的残余电荷未完全放尽，

会导致绝缘电阻测试值失真。残余电荷的极性与绝缘电阻表的极性相同时，测得的绝缘电阻将比真实值大；残余电荷的极性与绝缘电阻表的极性相反时，测得的绝缘电阻将比真实值小。因为极性相同时，由于同性相斥，绝缘电阻表输出较少电荷：极性相反时，绝缘电阻表要输出更多电荷去中和残余电荷。

例如，一大容量变压器，充分放电后第一次测得一个绕组的绝缘电阻为4000MΩ，第二次再测同一绕组（未充分放电），绝缘电阻为5000MΩ，充分放电10min后第三次测量，其绝缘电阻为4000MΩ。这是由于第二次测量时，在同极性剩余电荷的影响下，被试品的充电电流和吸收电流小于第一次测量值，导致绝缘电阻实测值大于实际值。

因此，为消除残余电荷的影响，测量绝缘电阻前被试品必须充分接地放电，重复测量时也应充分放电，大容量设备应至少放电5min。

4. 感应电压的影响

现场预防性试验中，由于带电设备与停电设备之间存在电容耦合，使得停电设备带有一定感应电压。

感应电压对绝缘电阻测量有很大影响。感应电压强烈时可能会损坏绝缘电阻表或造成指针乱摆，得不到真实的测量值。如一台由两节组成的220kV金属氧化物避雷器，测量上节绝缘电阻为50000MΩ，下节绝缘电阻为20000MΩ，将上节端部接地，从中部加压测量（测量上、下节并联绝缘电阻值），由于感应电压降低，测得的绝缘电阻为100000MΩ。又如一个220kV电流互感器某相高压引线感应电压强烈，测量其一次对末屏绝缘电阻时，指针在500MΩ左右摆动，将高压引线接地，用同一绝缘电阻表测量末屏对一次及地的绝缘电阻时，绝缘电阻为2000MΩ。

由此可见，感应电压对绝缘电阻的测量有很大影响，测量绝缘电阻，必要时应采取电场屏蔽等措施消除感应电压的影响来保证测量结果的准确性。

5. 绝缘电阻表容量的影响

绝缘电阻表最大输出电流值（输出端经毫安表短路测得）对吸收比和极化指数测量有一定影响，所以测量吸收比和极化指数应采用大容量绝缘电阻表，即选用最大输出电流1mA及以上的表计，大型电力变压器宜选用最大输出电流3mA及以上的表计。

第二节　介质损耗试验

一、基本概念

（一）介质损耗因数

在电场作用下没有能量损耗的理想电介质是不存在的，实际电介质中总有一定的能量损耗，包括由电导引起的损耗和某些有损极化（例如偶极子极化、夹层极化等）引起的损耗总称介质损耗。

在直流电压的作用下，电介质中没有周期性的极化过程，只要外加电压还没有达到引起局部放电的数值，介质中的损耗将仅由电导引起，所以用体积电导率和表面电导率两个物理量就已能充分说明问题，不必再引入介质损耗这个概念了。

在交流电压作用下，流过电介质的电流包含有功分量 $\dot{I}_R$ 和无功分量 $\dot{I}_c$，图 5-26 绘出了此时的等值电路图及电压、电流相量图，可以看出，此时的介质功率损耗为

$$P = UI\cos\varphi = UI_R = UI_C\tan\delta = U^2\omega C_P\tan\delta \tag{5-8}$$

式中：ω 为电源角频率；φ 为功率因数角；δ 为介质损耗角。

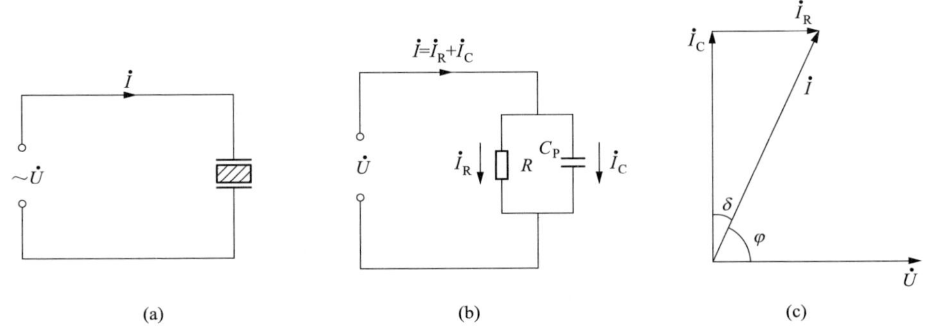

图 5-26　介质在交流电压下的等值电路和相量图

（a）示意图；（b）等值电路；（c）相量图

采用介质损耗 P 作为比较各种绝缘材料损耗特性优劣的指标显然是不合适的，因为 P 值的大小与所加电压 U、试品电容量 C_P、电源频率 ω 等一系列因素都有关系，而式中的 $\tan\delta$ 却是一个仅仅取决于材料损耗特性，而与上述种种

因素无关的物理量。因此，通常采用介质损耗角正切 $\tan\delta$ 作为综合反映电介质损耗特性优劣的指标，测量电力设备绝缘的 $\tan\delta$ 值可以发现一系列绝缘缺陷，如绝缘整体受潮、老化、绝缘气隙放电等，其已成为电力系统中绝缘预防性试验的最重要项目之一。

（二）介质的两种模型

在交流电压下，电介质有损介质的三支路等值电路如图 5-27（a）所示，总电流 $\dot{I}$ 等于纯电容电流 $\dot{I}_1$、反映吸收现象的电流 $\dot{I}_2$ 和电导电流 $\dot{I}_3$ 三者的相量和，且三者都将长期存在，反映有损极化或吸收现象的电流 $\dot{I}_2$ 又可分解为有功分量 $\dot{I}_{2R}$和无功分量 $\dot{I}_{2C}$，如图 5-27（b）所示。图中 C_1 代表介质的无损极化（电子式和离子式极化），C_2 与 R_2 串联，代表各种有损极化，而 R_3 则代表电导损耗。

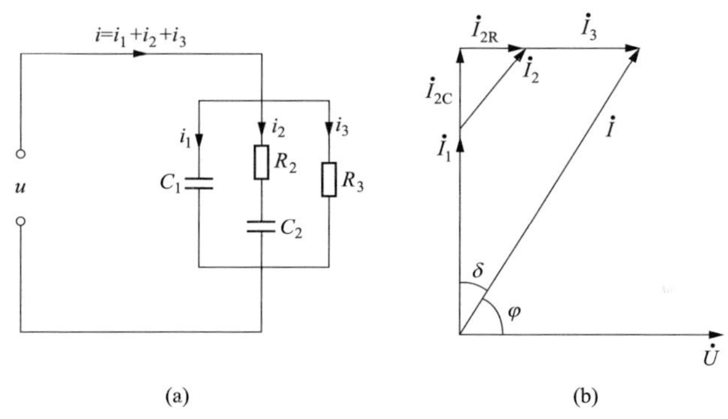

图 5-27　电介质的三支路等值电路和相量图

（a）等值电路；（b）相量图

图 5-27 三支路等值电路可进一步简化为电阻、电容的并联等值电路或串联等值电路。若介质损耗主要由电导所引起，常采用并联等值电路；若介质损耗主要由极化所引起，则常采用串联等值电路。现分述如下。

1. 并联等值电路

如果把图 5-27 中的电流归并成由有功电流和无功电流两部分组成，即可得到图 5-26（b）所示的并联等值电路，图中 C_P代表无功电流 I_C的等值电容、R 则代表有功电流 I_R的等值电阻。其中

$$I_R = I_3 + I_{2R} = \frac{U}{R} \tag{5-9}$$

$$I_C = I_1 + I_{2C} = U\omega C_P \tag{5-10}$$

计算可得

$$\tan\delta = \frac{I_R}{I_C} = \frac{U/R}{U\omega C_P} = \frac{1}{\omega C_P R} \tag{5-11}$$

$$P = \frac{U^2}{R} = U^2 \omega C_P \tan\delta \tag{5-12}$$

2. 串联等值电路

上述有损电介质也可用一只理想的无损耗电容 C_S 和一个电阻 r 相串联的等值电路来代替，如图 5-28（a）所示。

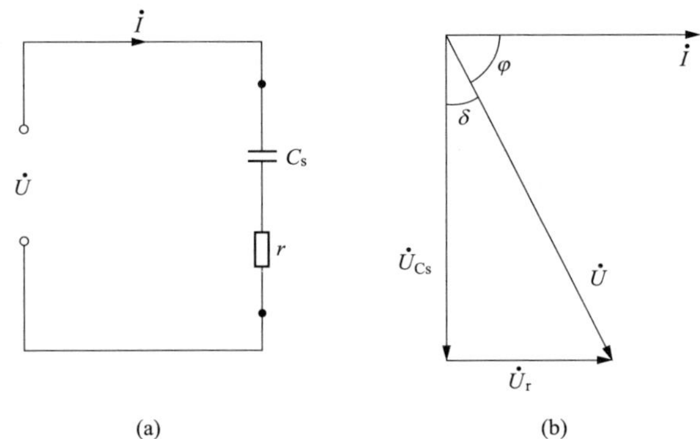

图 5-28　电介质的简化中串联等值电路及相量图

（a）串联等值电路；（b）相量图

由图 5-28（b）的相量图可得

$$\tan\delta = \frac{U_r}{U_C} = \frac{I_r}{I/\omega C_s} = \omega C_s r \tag{5-13}$$

$$\begin{aligned} P = I^2 r &= \frac{U^2 r}{r^2 + \left(\frac{1}{\omega C_s}\right)^2} \\ &= \frac{U^2 r}{\left(\frac{1}{\omega C_s}\right)^2 [(r\omega C_s)^2 + 1]} \\ &= \frac{U^2 \omega C_s \tan\delta}{1 + \tan^2\delta} \end{aligned} \tag{5-14}$$

即串联等值电路中 P 也与 $\tan\delta$ 有关。

两种等值电路都表示同一介质的绝缘特性，因此两种等值电路中的电介质

能量损耗与 $\tan\delta$，应当也是等值的，由式（5-11）～式（5-14）可得

$$\frac{1}{\omega C_P R}=\omega C_s r$$

$$U^2\omega C_P\tan\delta=\frac{U^2\omega C_s\tan\delta}{1+\tan^2\delta}$$

联立解得

$$C_P=\frac{C_s}{1+\tan^2\delta}$$

$$R=r\left(1+\frac{1}{\tan^2\delta}\right)$$

对电介质来讲，$\tan^2\delta\ll1$，所以可得

$$C_P\approx C_s=C, r\ll R$$

即串联等值电路中的电阻 r 要比并联等值电路中的电阻 R 小得多。

因此两种等值电路中的功率损耗可用一个共同的表达式表示，即

$$P=U^2\omega C\tan\delta$$

（三）不同介质的串并联

大多数电力设备的绝缘是组合绝缘，是由不同电介质组成的，且具有不均匀结构，如油浸纸绝缘、含空气和水分的电介质等。在对绝缘进行分析时，可把设备绝缘看成图 5-29 所示的多个电介质串、并联等值电路所组成的电路的 $\tan\delta$ 值。

图 5-29（a）是 n 个电介质并联的电路，总损耗 $P=P_1+P_2+\cdots+P_n$。将 $P=U^2\omega C\tan\delta$ 代入，得

$$U^2\omega C\tan\delta=U^2\omega C_1\tan\delta_1+U^2\omega C_2\tan\delta_2+\cdots+U^2\omega C_n\tan\delta_n$$

$$C\tan\delta=C_1\tan\delta_1+C_2\tan\delta_2+\cdots+C_n\tan\delta_n$$

而 $C=C_1+C_2\cdots+C_n$，所以得综合 $\tan\delta$ 为

$$\tan\delta=\frac{C_1\tan\delta_1+C_2\tan\delta_2+\cdots+C_n\tan\delta_n}{C_1+C_2+\cdots+C_n} \tag{5-15}$$

同理，得图 5-29（b）的综合 $\tan\delta$ 为

$$\tan\delta=\frac{\dfrac{\tan\delta_1}{C'_1}+\dfrac{\tan\delta_2}{C'_2}+\cdots+\dfrac{\tan\delta_n}{C'_n}}{\dfrac{1}{C'_1}+\dfrac{1}{C'_2}+\cdots+\dfrac{1}{C'_n}} \tag{5-16}$$

图 5-29（c）的综合 $\tan\delta$ 为

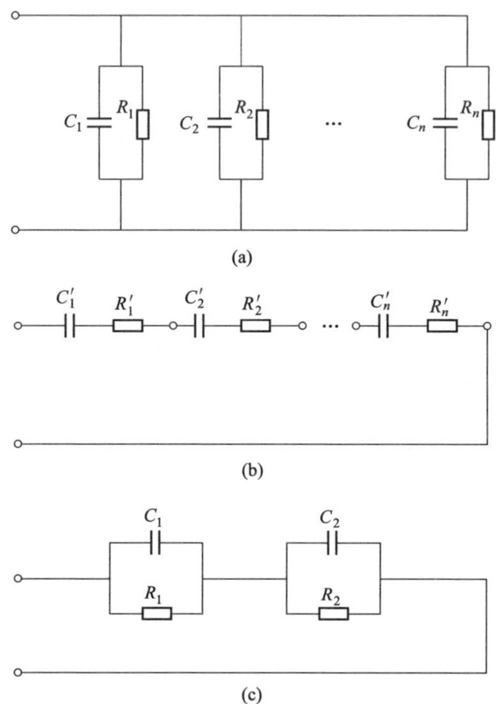

图 5-29 多个电介质串、并联等值电路所组成的电路图

（a）n 个电介质并联；（b）n 个电介质串联；（c）两个电介质串联

$$\tan\delta=\frac{C_1\tan\delta_2(1+\tan^2\delta_1)+C_2\tan\delta_1(1+\tan^2\delta_2)}{C_1(1+\tan^2\delta_1)+C_2(1+\tan^2\delta_2)} \tag{5-17}$$

由式（5-15）～式（5-17）可知，多个电介质绝缘的综合 $\tan\delta$ 值总是小于等值电路中个别 $\tan\delta$ 的最大值，而大于最小值。

这一结论表明：在测量多种及多层电介质绝缘时，当其中一种或一层 $\tan\delta$ 偏大时，并不能有效地在综合 $\tan\delta$ 值中反映出来，或者说 $\tan\delta$ 对局部缺陷反应不灵敏。

如果绝缘内的缺陷不是分布性而是集中性的，则 $\tan\delta$ 可能不能灵敏地反映绝缘状况，尤其是当被试品的体积越大，或集中缺陷所占的体积越小，集中性缺陷处的介质损耗占被试品全部介质损耗的比重就越小，总体的介质损耗值就越小，其测量就不灵敏，因此测量各类电气设备的 $\tan\delta$ 时，能分解试验的应尽量分解试验。

如某两种并联电介质，其中一种电介质的 $C_1=1800\text{pF}$，$\tan\delta_1(\%)=0.2$，

另一种电介质的 $C_2=200\text{pF}$，$\tan\delta_2(\%)=5.0$，其综合 $\tan\delta(\%)$ 为

$$\tan\delta(\%)=\frac{C_1\tan\delta_1(\%)+C_2\tan\delta_2(\%)}{C_1+C_2}$$

$$=\frac{1800\times0.2+200\times5.0}{1800+200}=0.68$$

尽管局部 $\tan\delta_2(\%)$ 达 5.0，但综合 $\tan\delta(\%)$ 仅等于 0.68。

通过测 $\tan\delta$ 判断绝缘状况时，必须要与该设备历年的 $\tan\delta$ 值比较，并和处于同样运行条件下的同类设备比较，即使 $\tan\delta$ 值未超过标准，但和过去值比较及和同类设备比较，若 $\tan\delta$ 突然明显增大时，则必须引起注意，查清原因。

二、试验仪器

常见的 $\tan\delta$ 测量方法：平衡电桥法（QS1、QS3 型西林电桥）和数字电桥，下面将介绍各类电桥的工作原理。

（一）西林电桥

西林电桥测试原理如图 5-30 所示。

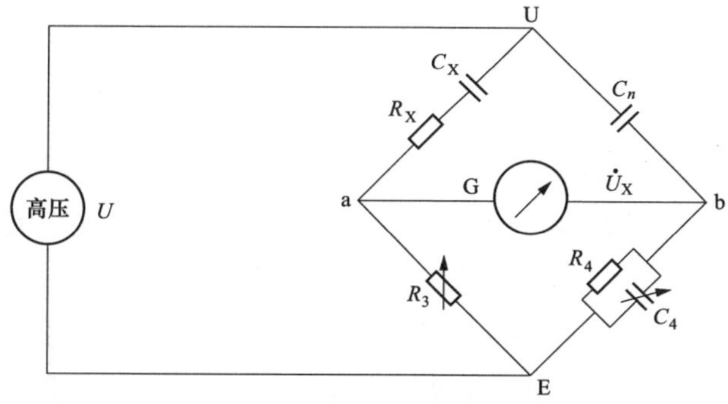

图 5-30　西林电桥测试原理图

调节 R_3、R_4 使电桥平衡，此时 a、b 两点电压相等，即 R_3、C_4 两端电压相等。

因为交流电路中电容阻抗为 $\frac{1}{\text{j}\omega C}$，电路中 R_4、C_4 的并联阻抗为两者倒数和的倒数，即

$$\frac{1}{\frac{1}{R_4}+\text{j}\omega C_4}=\frac{R_4}{1+\text{j}\omega C_4R_4}$$

按阻抗元件分压原理，不难得到

$$U_a=\frac{R_3U}{R_x+R_3+\frac{1}{j\omega C_x}}=U_b=\frac{\frac{R_4}{1+j\omega C_4R_4}U}{\frac{R_4}{1+j\omega C_4R_4}+\frac{1}{j\omega C_n}}$$

两边取倒数计算得

$$\frac{R_x}{R_3}+\frac{1}{j\omega C_xR_3}=\frac{C_4}{C_n}+\frac{1}{j\omega C_nR_4}$$

按复数相等，实部、虚部分别相等定义得到

$$R_x=\frac{C_4}{C_n}R_3$$

$$C_x=\frac{C_nR_4}{R_3}$$

按串联模型介质损耗定义：$\tan\delta=\omega R_xC_x=\omega R_4C_4$，由于 R_3、R_4、C_n是固定的，C_4 可以从刻度盘上读出，故可计算出 $\tan\delta$ 与 C_x。

（二）数字电桥

1. 仪器结构

数字电桥仪器结构框图如图 5-31 所示，启动测量后，高压设定值送到变频电源，变频电源根据 PID（proportion integral differential）算法将输出缓速调整到设定值，测量电路将实测高压送至变频电源，微调低压，实现准确高压输出。根据正/反接线和内/外标准电容的设置，测量电路根据试验电流自动选择输入并切换量程，测量电路采用傅里叶变换滤掉干扰，分离出信号基波，对标准电流和试品电流进行矢量运算，幅值计算电容量，角差计算 $\tan\delta$。反复进行多次测量，经过排序选择一个中间结果。测量结束，测量电路发出降压指令变频电源缓速降压到零。

2. 测试原理

数字电桥接线方式主要有正接线法、正接线低压屏蔽法、反接线法、反接线高压屏蔽法、反接线低压屏蔽法和自激法，现对其原理介绍如下。

（1）正接线法。数字电桥的测量回路还是一个桥。其测试原理如图 5-32 所示，R_3、R_4 两端的电压经过 A/D 采样送到计算机，可得$\dot{U}_x$、$\dot{U}_n$，由此可计算 $\dot{U}$，即

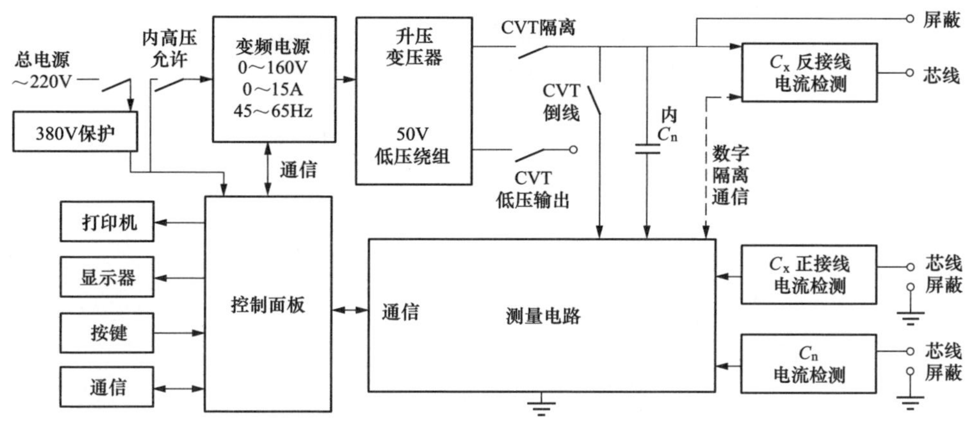

图 5-31　数字电桥仪器结构框图

$$\dot{I}_{cn}=\frac{\dot{U}_n}{R_4}$$

$$\dot{I}_{cx}=\frac{\dot{U}_x}{R_3}$$

$$\dot{U}=\frac{\dot{I}_{cn}}{j\omega C_n}$$

试品阻抗可表示为

$$Z_x=\frac{\dot{U}}{\dot{I}_{cx}}=\frac{R_3}{R_4}\times\frac{\dot{U}_n}{\dot{U}_x}\times\frac{1}{j\omega C_n}$$

进一步可求得试品介损和电容量。

数字电桥的最大优势在于：可以实现自动测量，并补偿所有原理性误差，没有复杂的机械调节部件，测量以软件为主，性能十分稳定。

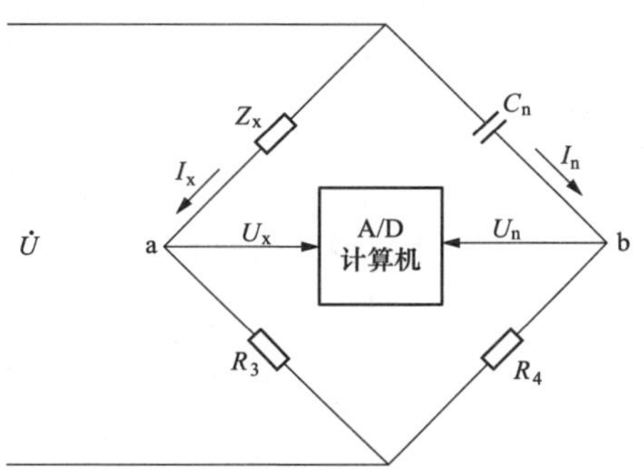

图 5-32　数字电桥测试原理

数字电桥仪器正接线如图 5-33 所示，被试品两端均不接地，测试时，一端接高压线的芯线（红夹子）与屏蔽线（黑夹子），一端接 C_x 线的芯线，当不采用低压屏蔽时，C_x 屏蔽线悬空即可；高压线的芯线和屏蔽线短接后接被试品高压侧，如果只用芯线加压，芯线电阻较大，可能引起附加介损。

（2）正接线低压屏蔽法。当被试品表面有脏污、潮湿等影响因素，在加压

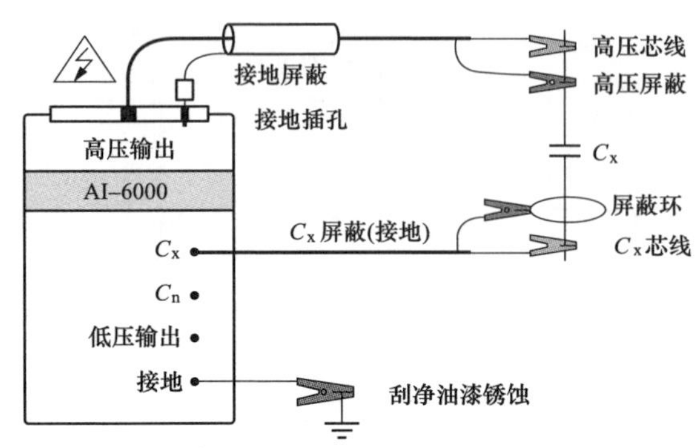

图 5-33　数字电桥正接线图

时，被试品表面泄漏电流较大，并通过 C_x 线的芯线流入测试回路，导致所测被试品介损值偏大，甚至超标，需要采用正接线低压屏蔽方法进行测量；以测量 500kV 电容式电压互感器中节为例，在中节下法兰上方瓷裙加一屏蔽环，C_x 屏蔽线（黑夹子）接试品的低压屏蔽环，此时被试品表面泄漏电流经 C_x 屏蔽线形成回路，不计入测量回路，从而得到被试品真实的电容量和介损值。

（3）反接线法。反接线测试原理如图 5-34 所示，采用高压电流传感器检测流过高压芯线的电流，进而根据电压、电流幅值和相角计算出被试品电容量和介损值。

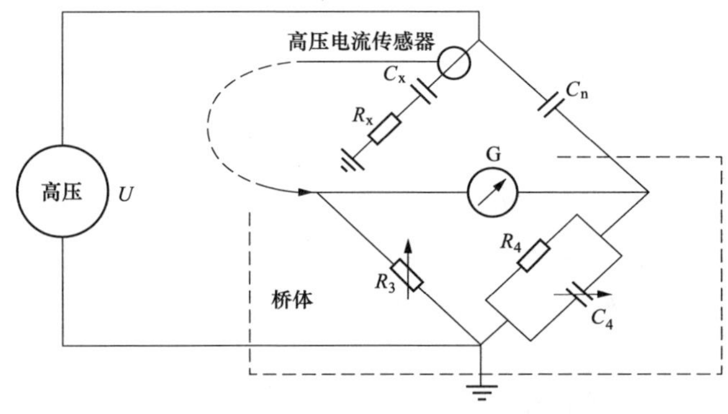

图 5-34　高压电流传感器实现反接线测试原理图

当被试品一端接地无法打开或者不易打开时，可采用反接线方法进行测量，如图 5-35 所示；测试时，一端接高压线的芯线（红夹子），一端接地，当不采用屏蔽时，高压屏蔽线悬空即可；加压线选择高压线的芯线，不可采用屏蔽线。

反接线时仪器应保持良好接地，现场试验遇到接地导体有油漆或者锈蚀时，应刮净以保证良好接地，若接地不良或有接触电阻时，易造成测试电容量数据有较大偏差。

测试电容式电压互感器电容量和介损值时，通常采用反接线高压屏蔽和反接线低压屏蔽，下文将主要对反接线高压屏蔽和反接线低压屏蔽进行说明。

1）反接线高压屏蔽法。反接线高压屏蔽原理如图 5-35 所示，被试品一端接地，另一端接高压线芯线，屏蔽线接需要被屏蔽电容，或者接被试品加压端下方瓷裙屏蔽环上，屏蔽环一般采用保险丝，围绕瓷质绝缘子 2～3 圈，此时，高压芯线与高压屏蔽线电位相等，两者之间形成等电位，没有电流流过，被屏蔽电流通过屏蔽线形成回路，不计入测量回路，高压芯线所测电流为被试品电流，根据电压、电流幅值和相角可以准确计算被试品电容量和介质损耗值。

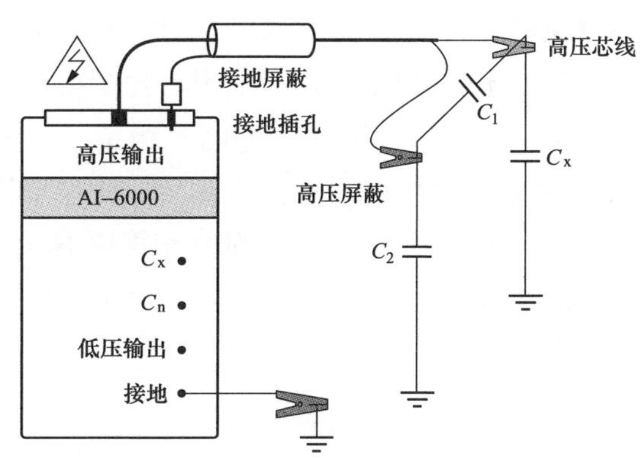

图 5-35　反接线高压屏蔽原理图

2）反接线低压屏蔽法。反接线低压屏蔽法原理如图 5-36 所示，被试品一端接地，另一端接高压线芯线，高压线屏蔽线悬空，非被试品非加压端接信号线 C_x 芯线，C_x 屏蔽线悬空；可见，此时电桥高压电流传感器所测高压芯线电流 I 包括被试品的电流 I_{cx} 和非被试品电流 I_c，无法直接计算被试品电容量和介质损耗值，此时可通过非被试品与电桥组成的正接线测试回路计算电流 I_c，高压芯线电流 I 与非被试品 I_c 之差即被试品电流 I_{cx}，进而可以计算出被试品的电容量和介损值。

（4）自激法。自激法测试原理如下：仪器结构框图中电容式电压互感器隔离开关断开，低压隔离开关接通输出低压，经中间电磁单元感应出高压加到被试品上，其中 C_n 为 50pF，C_2 为 100nF 左右，C_n 与 C_2 串联后电容值为

$$C=\frac{C_n C_2}{C_n+C_2}\approx C_n$$

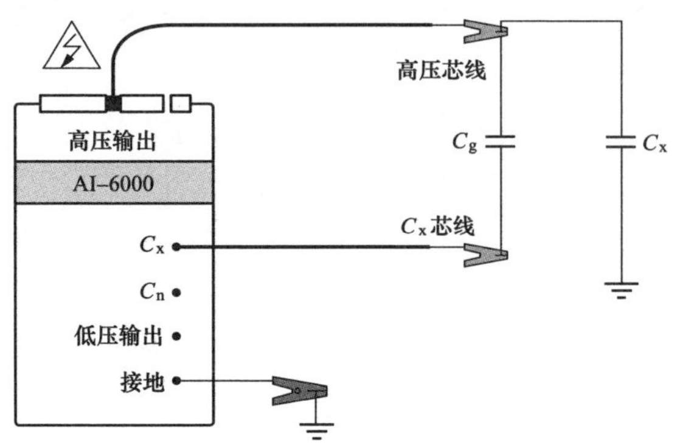

图 5-36　反接线低压屏蔽法原理图

作为测试回路标准电容，即可准确测试出 C_{11} 的电容值与 $\tan\delta$，其原理如图 5-37 所示。测量 C_2 时，电容式电压互感器倒线开关接通，将 C_n 旁路掉，由于 C_{11} 电容值及 $\tan\delta$ 已知，因此用 C_{11} 作标准电容测量 C_2，C_2 接入被试品通道，其原理如图 5-38 所示，测量电路采用傅里叶变换滤掉干扰，分离出信号基波，对标准电流和试品电流进行矢量运算，幅值计算电容量，角差计算 $\tan\delta$。反复进行多次测量，经过排序选择一个中间结果。最后测出 C_{11} 与 C_2 的电容值及 $\tan\delta$，测试原理同正接线。

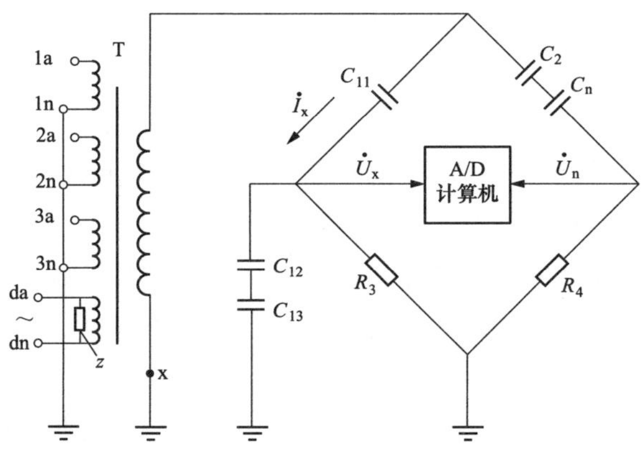

图 5-37　自激法测试 C_{11} 电气原理图

测试过程中，当电压互感器一次高压引线接地时，耦合电容 C_{12}、C_{13} 与 R_3 并联，其对测试结果的影响可以被忽略。因为 R_3 电阻很小，耦合电容 C_{12}、C_{13} 与 R_3 并联后其等效阻抗近似等于 R_3，影响可忽略，所以不拆除高压引线

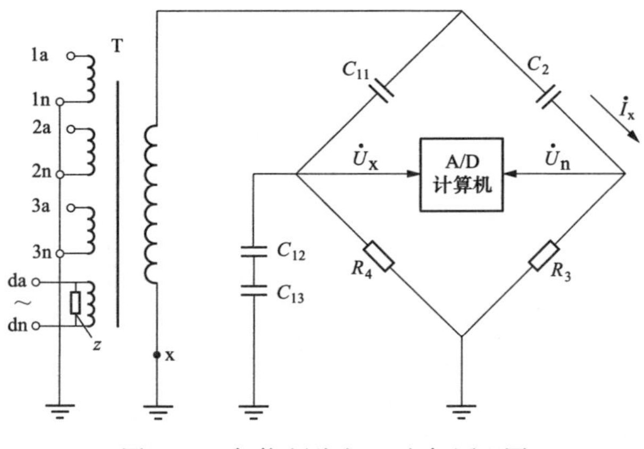

图 5-38　自激法测试 C_2 电气原理图

对测试结果影响很小。

三、试验方法

电容式电压互感器由于其不同电压等级结构特点、有无中压接地开关及现场条件限制，各节电容测试方法不尽相同，下面以数字电桥为例，介绍现场试验方法。

（一）500kV 电容式电压互感器试验方法

500kV 电容式电压互感器按分压电容节数分有三节和四节，以三节较为常见，且四节测试方法与三节相同，下文以测量三节 500kV 电容式电压互感器电容量和介质损耗值为例阐述现场试验方法。

1. 上节分压电容试验方法

现场试验时，由于 500kV 电压互感器一次引线经接地开关接地，若采用正接线测试，需拆除一次引线，费时费力且存在一定的安全风险，故多选择不拆除一次引线，采用反接线高压屏蔽法或反接线低压屏蔽法进行测试。

反接线高压屏蔽法接线如图 5-39 所示，电压互感器上节高压侧接地，高压线芯线（红夹子）接 C_{11} 下法兰，高压线屏蔽线（黑夹子）接 C_{12} 下法兰，此时流过芯线的电流就只有 C_{11} 的电流。否则，流过高压线芯线的电流不仅包含 C_{11} 回路中的电流，还有除 C_{11} 电容单元以外的其他电容单元电流和电磁单元电流，相当于两者的并联，所测数据将有较大偏差。

反接线低压屏蔽法接线如图 5-40 所示，电压互感器上节高压侧接地，高压线芯线（红夹子）接 C_{11} 下法兰，信号线 C_x 线接 C_{12} 下法兰，高压线屏蔽线（黑夹子）和信号线屏蔽线悬空。

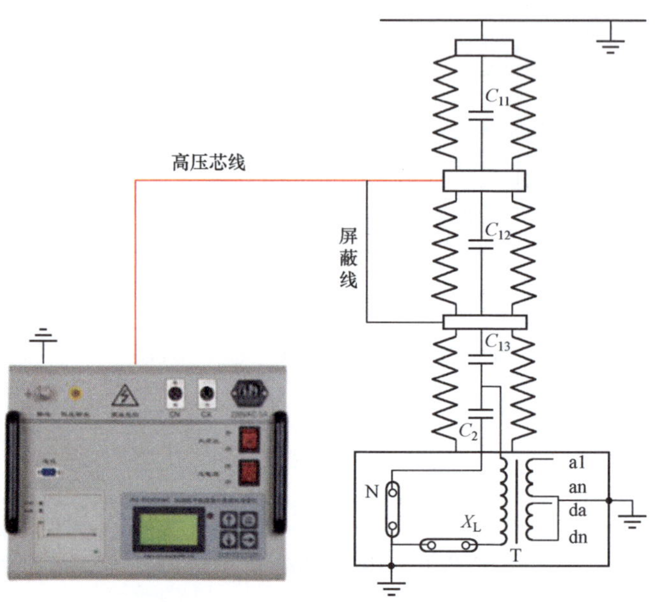

图 5-39　反接线高压屏蔽法接线图

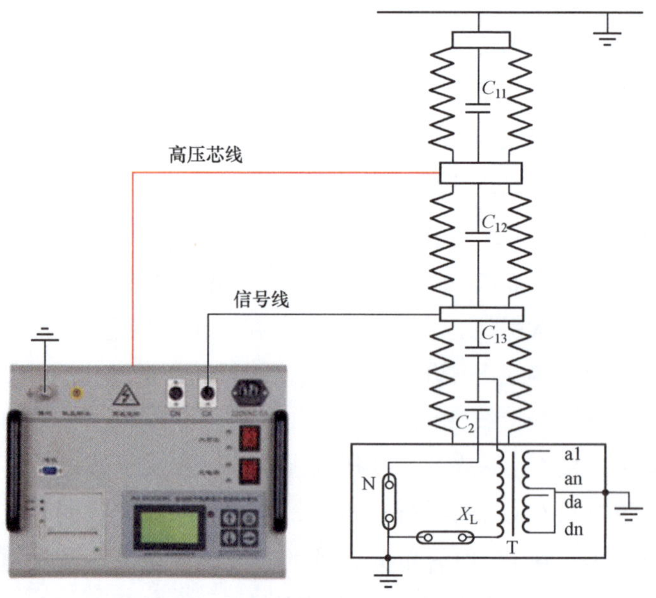

图 5-40　反接线低压屏蔽法接线图

当采用此接线方式时，仪器操作较为特殊，说明如下：试验时，选择仪器反接法、10000V 试验电压，并按"↓"按键，出现"GD"符号，此时再启动试验，即为反接线低压屏蔽法。

仪器测试结果包括正接线所测的 C_{12} 以及 C_{11} 的电容量和介质损耗值，故此方法不仅能测试 500kV 电容式电压互感器上节分压电容介质损耗，也可对中节进行测试。

2. 中节分压电容试验方法

由上文可知，在采用反接线低压屏蔽法测量 500kV 电容式电压互感器上节分压电容介质损耗和电容量时，其试验数据包含采用正接线所测中节电容量和介质损耗值，故可采用反接线低压屏蔽法测量之，此处不再赘述。

中节分压电容电容量和介质损耗因数的测量亦可采用正接线法；接线图见图 5-41，高压线芯线（红夹子）和屏蔽线（黑夹子）短接后接 C_{11} 下法兰，信号线 C_x 接 C_{12} 下法兰，信号线屏蔽线悬空。加压选择 10kV 电压，选择正接线进行测量。

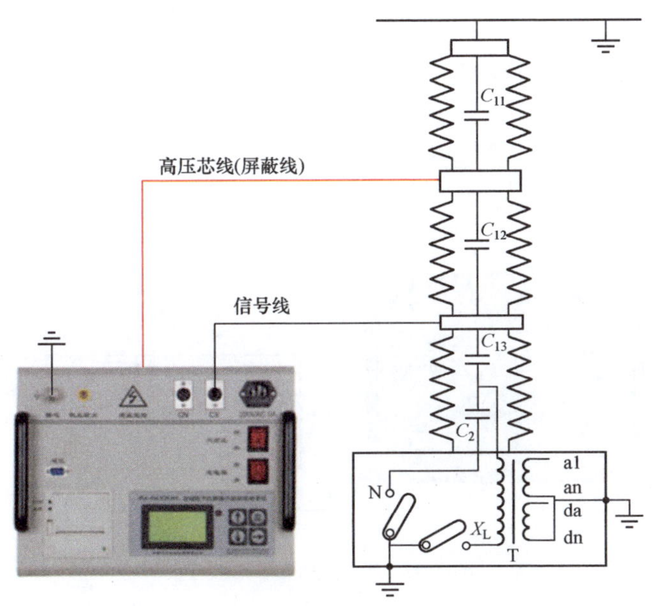

图 5-41　中节电容器正接线法接线图

3. 下节分压电容试验方法

电容式电压互感器下节由主电容 C_{13} 及分压电容 C_2 串联组成，由于介质损耗试验对大电容的集中性缺陷不灵敏，为了更加准确地测试设备状况，需要分别测量主电容 C_{13} 及分压电容 C_2 的介质损耗因数。

由第二章可知，电磁单元高压引出线可分为无中压接地开关和有中压接地开关两种结构，其对应的测试方法也各不相同，下文将分别介绍两种结构的测试方法。

对于无中压接地开关的电容式电压互感器设备，通常采用自激法测量电压互感器下节电容量和介损值。测量前需要打开电容分压器低压端子 N，使之悬空，并保持电磁单元低压端子 X_L 良好接地；现场试验接线如图 5-42 所示，高压线芯线接电容分压器低压端子 N 端子，信号线接下节上法兰，其屏蔽线保持悬空，自激法双芯测试线红色夹子一端接至仪器“低压”位置，另一端接至中间变压器辅助二次绕组 da 端子处，黑色夹子一端接至仪器接地位置，另一端接至中间变压器辅助二次绕组 dn 端子处，形成加压回路。

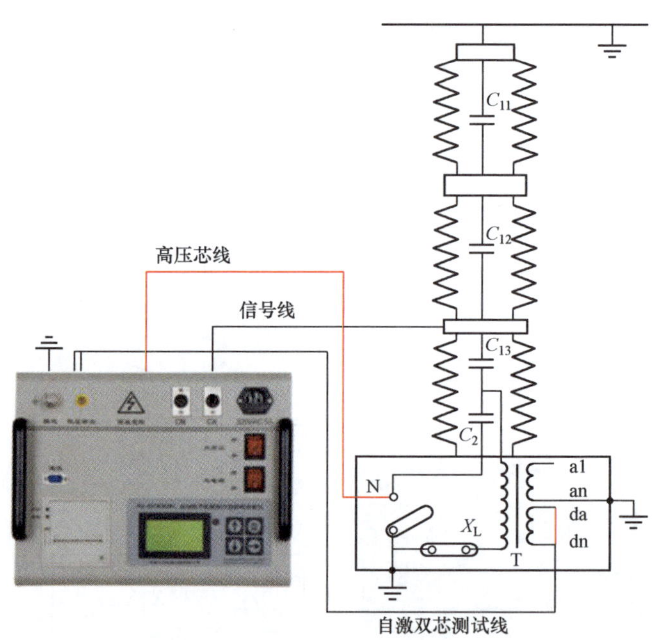

图 5-42　自激法测量接线图

选择“CVT 内标准 变频 2000V”，启动仪器进行测量，试验电压以厂家要求为准，如无明确要求可采用 2000V。

自激法需要注意的几点如下：

1）测量得到 C_1、$\tan\delta_1$，C_2、$\tan\delta_2$ 两组数据，分别对应 C_{13}、C_2 的电容

量和介质损耗值，通过式（5-18）计算可得总的电容量 C 和总的介损值 $\tan\delta$，即

$$C=\frac{C_1C_2}{C_1+C_2} \tag{5-18}$$

$$\tan\delta=\frac{C_1\tan\delta_2(1+\tan^2\delta_1)+C_2\tan\delta_1(1+\tan^2\delta_2)}{C_1(1+\tan^2\delta_1)+C_2(1+\tan^2\delta_2)} \tag{5-19}$$

2）自激法双芯测试线红色夹子要接在中压互感器辅助二次绕组 da 处，黑色夹子要接在 dn 处，不能接反。

3）电磁单元低压端子 X_L 要可靠接地，测试结束要将被测电压互感器电容分压器低压端子 N 端子恢复至试验前状态。

4）二次自激端子尽量选择具有阻尼电阻的剩余绕组作为二次自激端子，使预试过程的安全性更高，因为测试过程中由于电源故障、试品绝缘变质等因素可能诱发谐振过电压。

5）应注意部分 CVT 的端子不受端子箱内小空开控制，停电时如继电保护工作人员在二次侧短接接地，会造成试验时发生二次短路过流的严重后果。鉴于以上原因，在自激法时，二次自激端子必须使用 da-dn 二次端子，同时断开端子箱内二次回路所有控制空开。

对于有中压接地开关的电容式电压互感器设备，主电容 C_{13} 可采用反接低压屏蔽法进行测量，分压电容 C_2 采用反接线法进行测量。

主电容 C_{13} 测试接线如图 5-43 所示，中压接地开关放至试验位置，高压线芯线接下节上法兰，信号线芯线 C_x 接中节上法兰，操作仪器，选择反接法、10000V 试验电压，并按"↓"按键，出现"GD"符号，启动试验。

分压电容 C_2 反接线法接线图见图 5-44，中压接地开关放至试验位置，打开电容分压器低压端子 N，使之悬空，并保持电磁单元低压端子 X_L 良好接地；高压线芯线接 N 端子，高压线屏蔽线保持悬空，选择反接法、2000V 试验电压进行测试。

（二）220kV 电容式电压互感器试验方法

220kV 电容式电压互感器分压电容节数为两节，下文分别介绍每节电容量和介质损耗因数试验方法。

1. 上节分压电容试验方法

现场试验时，220kV 电容式电压互感器亦采用不拆除一次引线，原因同上文 500kV 电压互感器部分所述，其一次引线经接地开关接地，故多选择反接线

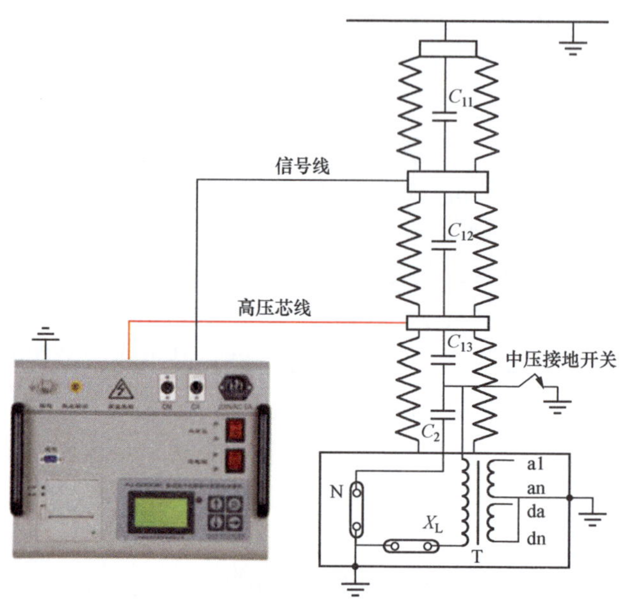

图 5-43　主电容 C_{13} 测试接线

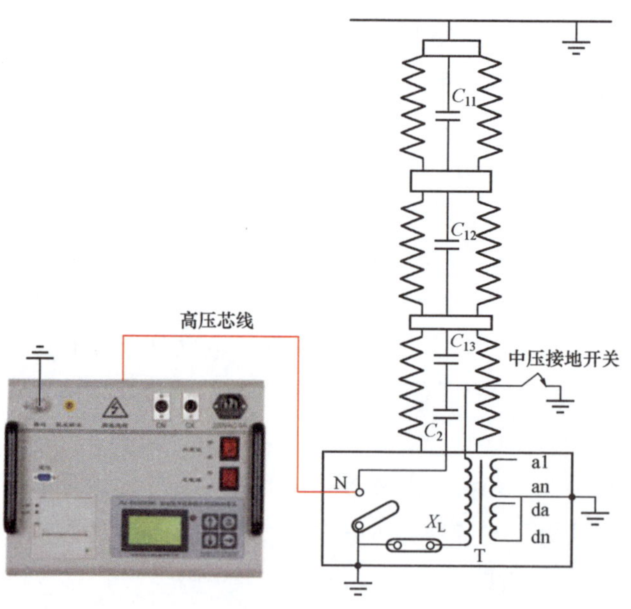

图 5-44　主电容 C_2 测试接线

低压屏蔽法进行测试，因 220kV 电容式电压互感器分压电容为两节，且 N 端

子与 X_L 端子耐压值较小，故无法采用反接线高压屏蔽法进行测量，现场多采用反接线低压屏蔽法。

反接低压屏蔽法如图 5-45 所示，电压互感器上节高压侧接地，试验接线为：高压线芯线（红夹子）接 C_{11} 下法兰，高压线屏蔽线（黑夹子）悬空，打开二次接线盒内电容分压器低压端子 N 和电磁单元低压端子 X_L，此两点短接后共同接至仪器低压测试信号芯线 C_x，其屏蔽线悬空。

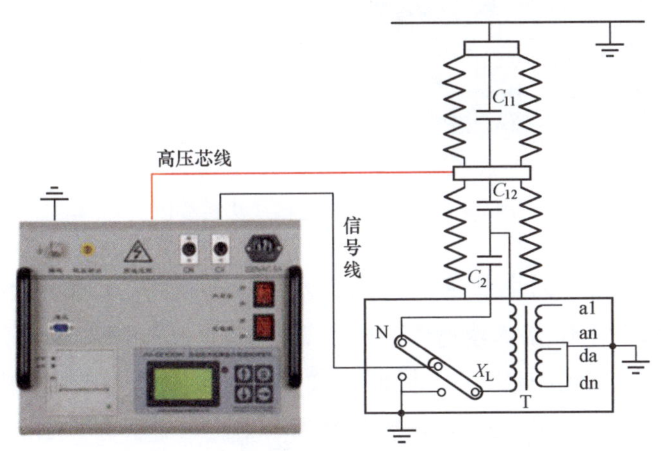

图 5-45　上节电容反接低压屏蔽法接线图

试验时，选择仪器反接法、10000V 试验电压，并按“↓”按键，出现“GD”符号，此时再启动试验。

仪器测试结果中反接线数据即为电容式电压互感器上节电容量和介损值。

现场采用反接线法进行测试时，受被试品表面状况、天气条件及周围干扰的影响，所测数据会出现超标现象，为了排除现场干扰因素，准确地测量被试品绝缘状况，可将一次引线拆除，采用正接线方法进行测试。

正接线如图 5-46 所示，高压芯线和屏蔽线短接后接 C_{11} 上法兰，信号线芯线接 C_{11} 下法兰，其屏蔽线悬空，电容分压器低压端子 N 和电磁单元低压端子 X_L 保持良好接地，选择仪器正接法、10000V 试验电压进行测试。

2. 下节分压电容试验方法

220kV 电容式电压互感器下节结构与 500kV 电容式电压互感器下节结构相同，都由主电容 C_{12} 及分压电容 C_2 串联组成，其测试方法参考 500kV 电容式电压互感器下节分压电容试验方法，此处不再赘述。

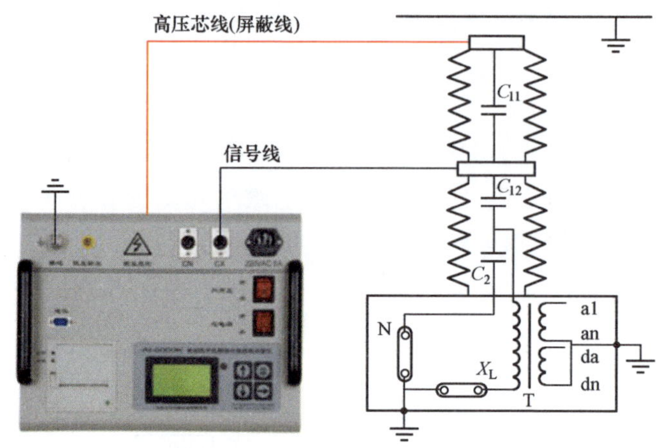

图 5-46　上节电容正接线法接线图

（三）35kV 电容式电压互感器试验方法

35kV 电容式电压互感器通常只有一节分压电容，测试时，需要拆开一次引线或者拉开高压侧接地开关，保证一次侧悬空，测量主电容 C_{12} 及分压电容 C_2 电容量和介损值方法参见 500kV 电容式电压互感器下节分压电容试验方法。

现对不同电压等级、不同结构类型电容式电压互感器现场试验方法总结如表 5-2 所示。

表 5-2　不同电压等级、不同结构类型电容式电压互感器现场试验方法

类型	正接线	正接线（低压屏蔽）	反接线	反接线（高压屏蔽法）	反接线（低压屏蔽法）	自激法
500kV CVT 上节				√	√√	
500kV CVT 上节（拆一次引线）	√√	√				
500kV CVT 中节	√√	√			√√	
500kV CVT 下节						√√
500kV CVT 下节（带中压接地开关）			√		√	√√
220kV CVT 上节					√√	
220kV CVT 上节（拆一次引线）	√√	√				

续表

类型	正接线	正接线（低压屏蔽）	反接线	反接线（高压屏蔽法）	反接线（低压屏蔽法）	自激法
220kV CVT 下节						√√
220kV CVT 下节（带中压接地开关）			√		√	√√
35kV CVT						√√
35kV CVT（带中压接地开关）			√		√	√√

注 “√√”代表现场经常采用的试验方法。

四、注意事项

（1）如果使用带有接地屏蔽的双屏蔽高压线，其接地屏蔽必须接地。

（2）现场试验经常遇到接地导体有油漆或者锈蚀，应刮净以保证接地良好。

（3）现场试验也经常遇到被试品连线接触不良，特别是用搭钩挂母线的情况。

（4）应该经常检查配套电缆是否损坏。特别是夹子根部导线容易断裂，且不易察觉。长期使用后，插头内部金属片也容易松动。

（5）现场测试 $\tan\delta$ 为负值时：

1）采用专用屏蔽型测试线。

2）检查接线是否正确，接地是否良好。

3）采取轻擦、屏蔽等措施，重新测试。

4）判断是否为标准电容器介质损耗增大引起。

（6）$\tan\delta$ 明显偏大或电容量明显变化时：

1）采用专用屏蔽型测试线，必要时测试线应悬空。

2）检查接线是否正确、接地是否良好、测试线接触是否良好。

3）采取轻擦、屏蔽等措施，重新测试。

4）采用不同仪器、方法作对比分析。

5）进行绝缘电阻、油试验判断被试品是否受潮等。

五、影响因素

1. 温度

温度对 $\tan\delta$ 测量影响较大，绝大多数情况下，对同试品而言，$\tan\delta$ 随温

度的升高而增高。tanδ 随温度的变化关系与试品绝缘结构有关。温度为 20～80℃时，tanδ 随温度变化的经验公式为

$$\tan\delta = \tan\delta_0 e^{\alpha(t-t_0)}$$

式中：$\tan\delta_0$ 为温度为 t_0 时的介质损耗因数值（一般取 $t_0 = 20$℃）；tanδ 为温度为 t 时的介质损耗因数值；α 为绝缘状况系数，取决于绝缘结构。

tanδ 与温度的变化关系与被试品实际的绝缘状况有关。有些绝缘结构的被试品 tanδ 随温度升高，受潮与干燥的被试品 tanδ 之差越来越小；而有些绝缘结构，受潮与干燥绝缘的 tanδ 之差，随温度升高而越来越大。

因为绝缘状况的不同，不同温度下测得的 tanδ 值，若按某一常数进行 tanδ 温度换算，往往会产生不符合实际绝缘状况的换算误差。因此，一般情况下进行 tanδ 的温度换算是不准确的。在不同温度下对高压电力设备绝缘的 tanδ 进行测量表明，仅在温度为 10～30℃时进行换算才比较准确。

实践表明，温度小于 0℃或在天气潮湿（相对湿度大于 85%）条件下进行绝缘 tanδ 测量，不能得到反映绝缘状况的测量结果，因此一般不能用低温下的 tanδ 值来判断实际绝缘状况。

综上所述，tanδ 随温度的关系与绝缘介质的结构、绝缘材料以及本身绝缘状况等有关，不能用一个典型的温度换算系数进行绝缘 tanδ 的温度换算。由于停电进行 tanδ 测试多在不同温度下进行，tanδ 换算到 20℃时应考虑对换算系数的影响因素及因换算产生的误差。为了避免换算误差，得出真实的绝缘状况，应尽量选择在相近温度条件下进行绝缘 tanδ 试验。

2. 试验电压

正常良好的绝缘，在一定试验电压范围内，流过介质中电流的有功分量 I_R 和无功分量 I_C 随电压的增加成比例增加，因此 tanδ 一般不变或略有变化（上升或下降）。但是当绝缘有缺陷时，tanδ 随电压的变化会很明显，这可以通过作 $\tan\delta = f(U)$ 曲线反映出来。

一般来说，良好的绝缘在额定电压范围内，其 tanδ 值几乎保持不变，如图 5-47 的曲线 1 所示。如果绝缘内部存在空隙或气泡时，情况就不同了，当所加电压尚不足以使气泡电离时，其 tanδ 值与电压的关系与良好绝缘没有什么差别；但当所加电压大到能引起气泡电离或发生局部放电时，tanδ 值即开始随 U 的升高而迅速增大，电压回落时电离要比电压上升时更强一些，因而会出现闭环状曲线，如图 5-47 的曲线 2 所示。如果绝缘受潮，则电压较低时的 tanδ 值

就已相当大，电压升高时，$\tan\delta$ 更将急剧增大；电压回落时，$\tan\delta$ 也要比电压上升时更大一些，因而形成不闭合的分叉曲线，如图 5-47 的曲线 3 所示，主要原因是介质的温度因发热而提高了。

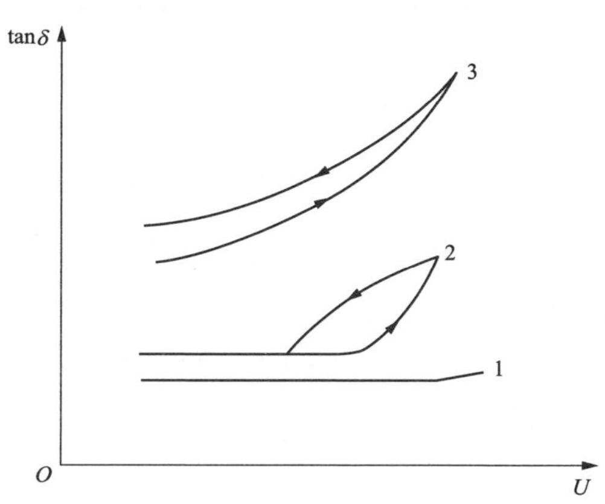

图 5-47 $\tan\delta$ 与试验电压的典型关系曲线

1—良好的绝缘；2—绝缘中存在气隙；3—受潮绝缘

测量 $\tan\delta$ 与电压的关系，有助于判断绝缘的状态和缺陷的类型。

3. 频率

如图 5-48 所示，频率对 $\tan\delta$ 有一定影响，随着频率的增加，起初 $\tan\delta$ 增加，且有一最大值，而后减小。这是由于频率增加时，加强了介质内部极化分子的翻转，极化损耗增加，$\tan\delta$ 上升。而当频率增加到一定程度时，频率快到极化分子来不及翻转，极化分子间摩擦损耗下降，$\tan\delta$ 也就随之下降了。

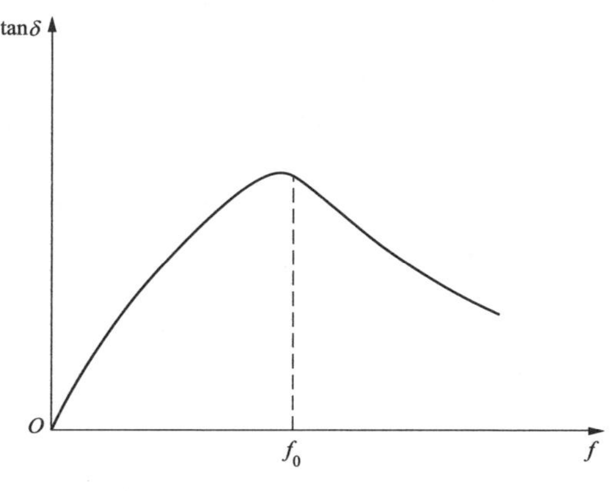

图 5-48 $\tan\delta$ 与频率的关系曲线

由于目前新型数字电桥的试验频率为 49Hz 或者 51Hz，而被试品所处环境均为（50±0.2）Hz，因此可排除外界电磁环境频率对试验的影响。

4. 电磁场

外界电磁场的干扰包括试验用高压电源和试验现场高压带电体（例如周围仍在运行的高压母线等）所引起的电场干扰，因为在这些高压源与电桥各元件及其连接线之间存在着杂散电容，产生的干扰电流如流过桥臂就会引起测量误差。

在现场测试条件下，电桥往往处于一个相当显著的交变磁场中，这时电桥接线内也会感应出一个干扰电势，对电桥的平衡产生影响，也将导致测量误差。

（1）磁场干扰。当电桥靠近电抗器、阻波器等漏磁通较大的设备时，会受到磁场干扰。这一干扰通常是由于磁场作用于电桥检流计内的电流线圈回路引起的。

磁场干扰时的等值电路如图 5-49（a）所示。磁场干扰可以看作是在桥的检流计回路中串联一个固定感应电压 $\Delta\dot{U}$ 和等值阻抗 Z_g。为了简化分析，将并联在检流计电流绕组，用于调节灵敏度、阻值很大的电阻 R，忽略不计。

在磁场干扰情况下调节电桥平衡，可以认为检流计回路在 A、B 处断开时，$\dot{U}_{DB}$与$\dot{U}_{DA}$之差，即断开处的电位差正好等于 $\Delta\dot{U}$。如果满足这一条件，则实际测量时，即断开处接通时，流过检流计的电流应为零。

图 5-49（b）所示为有磁场干扰时的电压相量图。图 5-49（b）中$\overrightarrow{OA}$表示无磁场干扰时电桥平衡后的$\dot{U}_{DA}$和$\dot{U}_{DB}$（二者相等），与 $\dot{I}_N$ 成 δ 角。当存在磁场干扰而在检流计回路中产生 $\Delta\dot{U}$ 时，调节电桥平衡后，$\dot{U}_{DA}$、$\dot{U}_{DB}$和 $\Delta\dot{U}$ 将组成三角形。图 5-49（b）中$\overrightarrow{OB}$表示 $\Delta\dot{U}$，则调节 R_3 到 R_3'，使$\dot{U}_{DA}$由$\overrightarrow{OA}$沿原方向增加到$\dot{U}_{DA}'$，同时调节 C_4 到 C_4' 以改变 $\dot{U}_{DB}$的方向（$\dot{U}_{DB}$的大小也略有改变），使之变为$\dot{U}_{DB}'$，$\dot{U}_{DA}'$、$\Delta\dot{U}$ 和$\dot{U}_{DB}'$组成三角形。此时 C_4'、R_4 算得的 $\tan\delta$ 值为 $\tan\delta'=\omega C_4'R_4$，$\delta'$角为$\dot{U}_{DB}'$与 $\dot{I}_N$ 的夹角，小于实际试品的 δ 值。

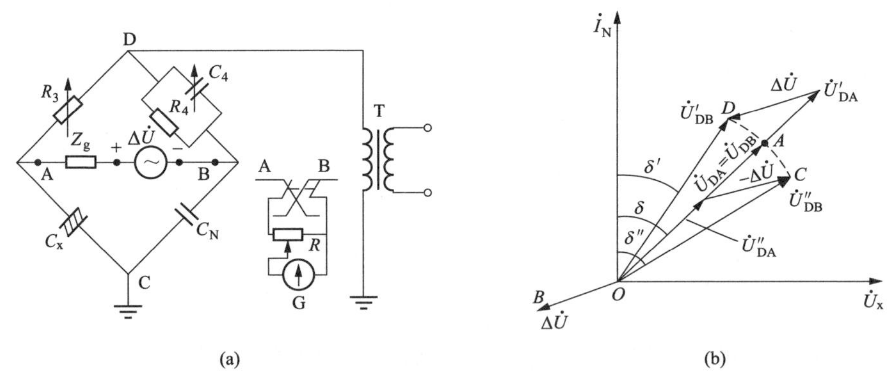

图 5-49　有磁场干扰时的等值电路及相量图

（a）等值电路图；（b）相量图

将检流计的极性转换开关投入另一位置，$\Delta\dot{U}$ 方向反相。调节电桥平衡后得电压相量图中的 $\dot{U}_{DA}''$、$\Delta\dot{U}$ 和 $\dot{U}_{DB}''$，此时由 C_4''、R_4 求得的 $\tan\delta''=\omega C_4''R_4$，

δ''为$\dot{U}''_{DB}$与$\dot{I}_N$的夹角，大于实际试品的δ值。

上述分析表明，磁场干扰将造成 tanδ 值的测量误差，使其增大或减小。

实际测量时磁场干扰必须予以消除。消除的办法一种是将电桥移到磁场干扰以外；另一种是在检流计极性转换开关处于两种不同位置时，调节电桥平衡，求得每次平衡时的被试品 tanδ 值和电容值，然后再求取两次的平均值，以消除磁场干扰的影响。

在图 5-47（b）中，当磁场干扰不强烈时，可以把图 5-47（b）中虚线圆弧 cd 近似看作直线并经过 a 点，于是得被试品的实际 tanδ 为

$$\tan\delta \approx \frac{\tan\delta' + \tan\delta''}{2}$$

$\dot{U}_{DA}$也可看作是$\dot{U}'_{DA}$和$\dot{U}''_{DA}$的算术平均值，由于二次调节电桥平衡时流过 R_3 的电流不变（被试品电流），故相应于$\dot{U}_{DA}$的 R_3 为

$$R_3 \approx \frac{R'_3 + R''_3}{2}$$

试品的实际电容 C_x为

$$C_x = C_N \frac{R_4}{R_3} = C_N R_4 \frac{2}{R'_3 + R''_3}$$

因为 $C_N \dfrac{R_4}{R'_3} = C'_X$，$C_N \dfrac{R_4}{R''_3} = C''_X$，则有

$$C_X = \frac{2C'_X C''_X}{C'_X + C''_X}$$

（2）电场干扰。外界带电设备及导线通过与被测试品间的电容耦合，使被试品流过一个干扰电流 $\dot{I}_g$。此电流在电桥臂上引起压降，改变各臂间平衡条件，造成 δ 角偏大或偏小误差，严重时会造成“$-$tanδ”测量结果。

现场采用的排除电场干扰的方法有以下几种：

1）提高试验电压。试验电压提高，通过试品的电容电流增大，信噪比提高，干扰电流对 δ 角的影响相对减小。这种方法适用于对弱干扰信号的消除。

2）尽量采用正接线。实践证明：西林电桥正接线抗干扰性能比反接线强。

3）屏蔽法。在被试品上加装屏蔽罩，使干扰电流经屏蔽流走，不经过电桥桥臂。此方法仅适用于体积较小的设备，如套管、电流互感器等。由于现场屏蔽费工又费时，且对测量结果有影响，一般不采用。

4）对于同频率的干扰，可采用选相、倒相法或移相法。目前多使用专门

的抗干扰电桥，此电桥的试验频率可避开工频。

5. 局部缺陷

对于电容量较小的被试品（例如套管、互感器等），测量 $\tan\delta$ 能有效地发现局部集中性缺陷和整体分布性缺陷。但对电容量较大的被试品（例如大中型发电机、变压器、电力电缆、电力电容器等），测量 $\tan\delta$ 只能发现整体分布性缺陷，因为局部集中性缺陷所引起的介质损耗增大值这时只占总损耗一个很小的部分，因而用测量 $\tan\delta$ 的方法来判断绝缘状态就很不灵敏了。对于可以分解成几个彼此绝缘部分的被试品，可分别测量其各个部分的 $\tan\delta$ 值，能更有效地发现缺陷。

局部缺陷对整体 $\tan\delta$ 测量结果有影响。这种影响既与局部缺陷占整体的体积大小有关，又与局部缺陷本身的绝缘状况有关。

设在被试绝缘中有局部绝缘缺陷，如受潮、局部放电等。绝缘缺陷部分的体积为 V_1，其相应的电容量和介质损耗因数为 C_1、$\tan\delta_1$；而其余绝缘良好部分的体积为 V_2，相应的电容量和介质损耗因数为 C_2、$\tan\delta_2$；绝缘总体积为 V，相应的电容量和介质损耗因数为 C_x、$\tan\delta$。

局部绝缘缺陷与绝缘良好部分可用并联等值电路表示，则

$$V = V_1 + V_2 \tag{5-20}$$

$$C_x = C_1 + C_2 \tag{5-21}$$

$$\tan\delta = \frac{C_1\tan\delta_1 + C_2\tan\delta_2}{C_1 + C_2} \tag{5-22}$$

对工程绝缘介质而言，可以近似认为，在并联等值电路中，绝缘各部分的电容量正比于其各部分的体积，即 $V_1/V_2 = C_1/C_2$，代入式（5-22），可得

$$\tan\delta = \frac{V_1\tan\delta_1 + V_2\tan\delta_2}{V_1 + V_2} = \frac{V_1\tan\delta_1 + V_2\tan\delta_2}{V}$$

一般 $V_1 \ll V_2 \approx V$，则

$$\tan\delta \approx (V_1/V)\tan\delta_1 + \tan\delta_2$$

由此可见，$\tan\delta$ 与 $\tan\delta_1$ 的关系取决于 V_1/V 的大小。当受潮或局部缺陷部分的体积很小时，测量整体的 $\tan\delta$ 对反映局部缺陷不灵敏，一般仅有微小的增加。因此，现场测试时能分解试验的尽量分解试验，通过减小整体绝缘的体积 V，提高反映局部缺陷的灵敏度。

整体 $\tan\delta$ 与局部缺陷部分的 $\tan\delta_1$ 的大小有关系，图 5-50 为局部缺陷体积一定时，整体 $\tan\delta$ 与 $\tan\delta_1$ 的变化曲线。

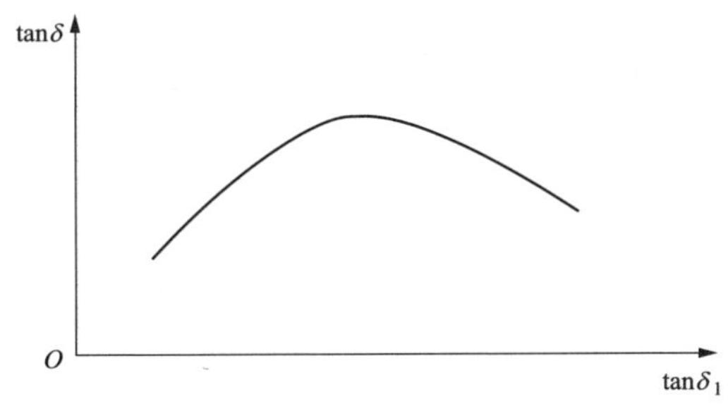

图 5-50　整体的 $\tan\delta$ 与局部缺陷部分的 $\tan\delta_1$ 的关系曲线

在局部缺陷发展初期，$\tan\delta$ 随 $\tan\delta_1$ 增加而增加，增加的幅度与 V_1/V 大小有关。而当 $\tan\delta_1$ 发展到一定程度，$\tan\delta$ 反而会下降。因为局部缺陷严重到一定程度时，局部缺陷部分近似成为导体，其局部损耗反而下降。也就是说，$\tan\delta$ 测量对局部缺陷的发展初期还可以反映，但对局部缺陷发展的后期反映就不灵敏了。

6. 环境湿度和污秽度

当空气相对湿度较大或表面脏污时，由于瓷表面泄漏电流的影响，测试结果出现偏差，易发生误判断。环境湿度增加和外部污秽沉积，会造成电容式电压互感器外绝缘泄漏电流增加，表面电阻减小。这是因为，被试品表面泄漏电阻总是与等值电阻 R_x并联着，显然会影响所测得的 $\tan\delta$ 值，这在试品的 C_x较小时尤需注意。

为了排除或减小这种影响，试验应在天气良好、干燥且瓷表面清洁的状况下进行。在测试前应清除绝缘表面的积污和水分，必要时还可在绝缘表面上装设屏蔽极。

当空气相对湿度大于 80%或表面脏污时，应采取以下措施消除瓷表面泄漏电流的影响：

（1）避免雨后直接试验，条件允许时等待自然干燥后再开展工作。

（2）无法等待自然干燥后再测量时，则可以用电热风机吹干后试验，排除表面泄漏电流的影响。

（3）瓷套部分涂上憎水材料，如有机硅油、硅脂或石蜡等，由于水的界面张力，使水膜在瓷表面凝成不相连的水珠，达到切断表面泄漏电流通道的作用。

第三节　变　比　试　验

一、基本概念

在 110kV 及以上电压等级的中性点直接接地系统中，通常采用的电压互感器有两个二次绕组：主二次绕组（1a-1n、2a-2n）和辅助二次绕组（da-dn），其中主二次绕组的额定相电压为 $100/\sqrt{3}$ V，辅助二次绕组额定相电压为 100V。

电压互感器的变比是指一次额定电压与二次额定电压之比，即

$$K_N = U_{1N}/U_{2N}$$

式中：K_N为电压互感器变比；U_{1N}为一次额定电压；U_{2N}为二次额定电压。

电压互感器的变比测量可以检查互感器一次、二次关系的正确性，给继电保护正确动作、保护定值计算提供依据。

二、试验方法

下面以 220kV 电容式电压互感器为例，介绍其变比的测量方法。

现场试验时，由于 220kV 电压互感器一次引线经接地开关接地，所以在测量变比时，需拆除一次引线。试验前将被试电压互感器对地放电，其接线如图 5-51 所示，高压芯线（红夹子）接 C_{11} 上法兰，打开二次接线盒，将信号线 C_x 芯线（红夹子）接 1a-1n 绕组的 1a 端（图中 a 端），信号线 C_x 的屏蔽线（黑夹子）接 1n 端（图中 x 端），其余绕组 n 端应可靠接地。

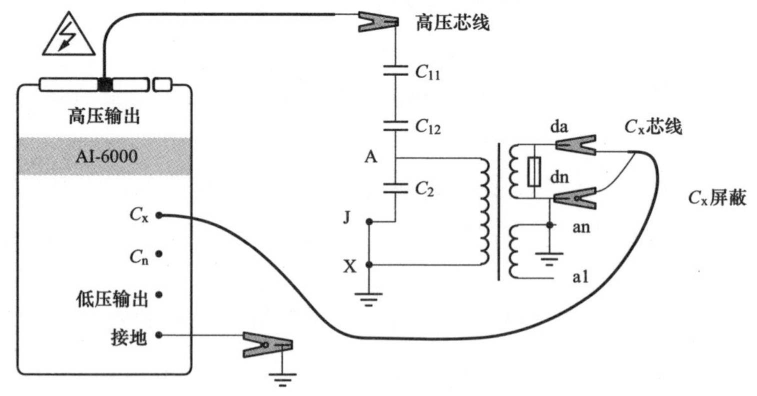

图 5-51　变比试验接线图

试验时，仪器应可靠接地，检查接线无误后，选择仪器变比测量、10000V试验电压，按下启动键，开始试验，仪器测试结果即为1a-1n绕组的变比。重复上述步骤，依次进行剩余绕组2a-2n、da-dn的变比测量。

三、注意事项

（1）被试品外壳要良好接地，二次接线盒中1n、2n、dn、N、X_L端子都要可靠接地。

（2）信号线C_x芯线和屏蔽线夹子分别接a、n端子，不可接反。

（3）如果遇到带中压接地开关的电压互感器，需要将其打到运行位置。

（4）每个线圈变比标准不同，需要与出厂标准进行对比。

（5）为避免测量误差，可重复进行测量。

第四节　红外测温

红外测温是电压互感器在运行状态下的一种状态检测方法。通过红外测温可以观察电容式电压互感器进出线接头、瓷套本体、末屏接地部位、油箱部位是否有明显温度分布异常或过热缺陷。

一、基本概念

1. 红外辐射

在电磁波谱中，通常把波长大于0.75μm，小于1000μm的这一段电磁波称作“红外线”，也称为“红外辐射”，如图5-52所示。

自然界一切温度高于绝对零度的物体，不停地辐射出红外线，辐射出的红外线带有物体的温度特征信息，这就是红外技术探测物体温度高低和温度场分布的理论依据和客观基础。

2. 辐射率

物体的温度及表面辐射率决定着物体的辐射能力。物体温度越高，红外辐射越多，反之，物体温度越低，辐射越小。即使物体温度相同，高辐射率物体的辐射要比低辐射率物体的辐射要多。

3. 红外热成像

红外线在大气中传播时，被大气中的多原子极性分子，例如二氧化碳、臭

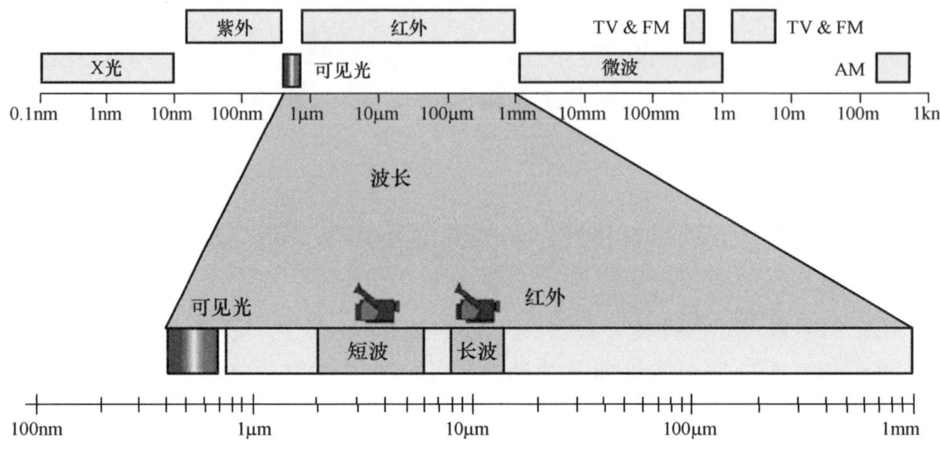

图 5-52　电磁辐射频谱图

氧、水蒸气等物质分子吸收造成辐射的能量衰减，但存在三个波长范围分别为 1～2.5μm、3～5μm、8～14μm 的区域，其红外辐射吸收弱、穿透能力强，被称为“大气窗口”。红外热成像检测技术就是利用“大气窗口”：短波窗口在 1～5μm 之间，长波窗口则在 8～14μm 之间的区域进行检测。

4. 发热形式

电力设备在正常工作时，由于电流、电压或电磁效应的作用，设备将发热，发热形式包括电阻损耗、介质损耗和铁磁损耗。

(1) 电阻损耗。根据焦耳定律，电流通过存在电阻的导体将产生热能，其发热功率为

$$P = K_f I^2 R$$

式中：P 为发热功率；I 为电流强度；R 为电器或载流导体的直流电阻；K_f 为附加损耗数。

这种发热为电流效应引起的发热。

(2) 介质损耗。对于电气绝缘介质，在交变电场的作用，介质极化方向不断改变而消耗电能并引起发热，由此而产生的发热功率为

$$P = U^2 \omega C \tan\delta$$

式中：U 为施加的电压；ω 为交变电压角频率；C 为介质的等值电容；$\tan\delta$ 为介质损耗角正切值。

这种发热为电压效应引起的发热。

（3）铁磁损耗。当在励磁回路上施加工作电压时，由于铁芯磁滞、涡流产生电能损耗形成的发热，为电磁效应引起的发热。

以上三种发热形式，也同样存在于正常运行的设备中，表现为正常的热分布。若设备出现异常，将出现异常发热，其热分布图像也与正常情况不同。

二、试验仪器

红外测温仪一般由光学系统、光电探测器、信号放大及处理系统、显示和输出、存储单元等组成，其原理图如图 5-53。

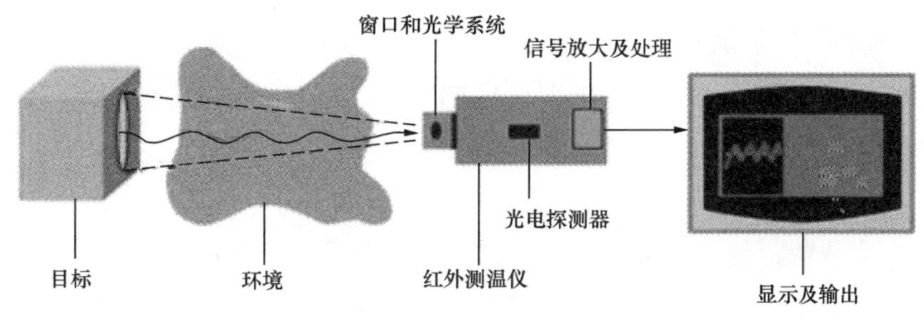

图 5-53　红外成像原理示意图

目前变电站内普遍使用的红外热成像仪器是便携式红外热像仪和手持（枪）式红外热像仪。仪器的选择和配置，应根据单位的设备运行检修管理模式、设备电压等级、管理范围和系统规模，以及诊断检测要求等实际情况确定。

1. 便携式红外热像仪

便携式红外热像仪的测量精度和测温范围能满足现场精确检测要求，并具有较高的温度分辨率、空间分辨率及大气条件的修正模型，操作简便，图像清晰、稳定，分析软件功能丰富。

2. 手持（枪）式红外热像仪

手持（枪）式红外热像仪能满足一般检测的要求，有最高点温度自动跟踪，采用 LCD 显示屏，可无取景器，操作简单，仪器轻便，图像比较清晰、稳定。

三、试验方法

利用红外成像仪对电气设备的表面温度分布进行较大面积的巡视性检测属

于一般检测，电压致热型设备和部分电流致热型设备还需要精确检测，进一步明确被测设备发热部位的表面温度分布以发现内部缺陷，对设备故障作精确判断。

（一）一般检测方法

1. 查阅被测设备信息及运行工况

掌握设备生产厂家、型号、生产日期、前期测温记录、缺陷信息等资料。

2. 记录环境参数

测量并记录天气、环境温度、相对湿度、风速等环境参数。

3. 设置红外热像仪仪器参数

仪器开机自检后根据实际情况设置辐射率、环境温度、湿度和检测距离等补偿参数，一般检测时辐射率设为0.9。

4. 全面扫描被试品

（1）调节焦距使图像清晰，被试品刚好充满画面，四周留有适当空间。

（2）调节图像的电平值（明亮度）和温宽值（对比度），使图像层次分明。

（3）根据实际需要调节调色板，优化成像效果。

（4）仪器的色标温度量程，宜设置为环境温度加10～20K温升之后的温度。

（5）有伪彩色显示功能的仪器，宜选择彩色显示方式，调节图像使其具有清晰的温度层次显示，并结合数值测温手段，如热点跟踪、区域温度跟踪等手段进行检测。

（6）应充分利用仪器的有关功能，如图像平均、自动跟踪等，以达到最佳检测效果。

（7）环境温度发生较大变化时，应对仪器重新进行内部温度校准，校准方法按仪器说明书进行。

（8）一般先远距离对所有被测设备进行全面扫描，发现有异常后，再有针对性地近距离对异常部位和重点被测设备进行精确检测。

5. 保存图像并记录

（1）按照上述要求对缺陷设备拍摄对焦准确，构图合理的红外热像图谱。

（2）使用红外热像仪的图像保存及语音注释功能对设备的红外图像进行保存。

（3）将检测设备、位置及对应红外图谱编号等信息填写在记录表上。

（二）精确检测方法

1. 查阅被测设备信息及运行工况

掌握设备生产厂家、型号、生产日期、前期测温记录、缺陷信息等资料。

2. 记录环境参数

测量并记录天气、环境温度、相对湿度、风速等环境参数。

3. 设置红外热像仪仪器参数

仪器开机自检后根据实际情况设置辐射率、环境温度、湿度和检测距离等补偿参数，精确检测时特别要考虑金属材料表面氧化对选取辐射率的影响，辐射率选取具体可参见 DL/T 664—2016《带电设备红外诊断应用规范》中附录 D。

4. 精确检测被试品

（1）环境温度参照体应尽可能选择与被测设备类似的物体，且最好能在同一方向或同一视场中选择。

（2）正确选择被测设备的辐射率，特别要考虑金属材料表面氧化对选区辐射率的影响。

（3）将大气温度、相对湿度、测量距离等补偿参数输入，进行必要修正，并选择适当的测温范围。

（4）在安全距离允许条件下，红外仪器尽量靠近被测设备，使被测目标尽量充满整个仪器的视场，以提高仪器对被测设备表面细节的分辨能力及测温准确度，必要时可使用中、长焦镜头。

（5）为了准确测温或方便跟踪，应从几个不同的方向和角度进行检测，确定最佳检测位置，并可做好标记，以供今后的复测用，提高互比性和工作效率。

（6）针对发热部位，应检测三相设备、同相设备之间及同类设备之间的对应部位，进行综合比较分析。

5. 保存图像并记录

（1）按照上述要求对缺陷设备拍摄对焦准确，构图合理的红外热像图谱。

（2）使用红外热像仪的图像保存及语音注释功能对设备的红外图像进行保存。

（3）针对设备发热部位应尽量多保存不同角度和方向的图谱，以及同类设备对应部位的图谱，以便综合分析判断。

（4）将检测设备、位置、温度及对应红外图谱编号等信息填写在记录表上。

（5）记录被检测设备的运行电压及实际负荷。

四、注意事项

1. 一般检测时注意事项

（1）被检测设备处于带电运行或通电状态或可能引起设备表面温度分布特点的状态。

（2）尽量避开视线中的封闭遮挡物，如门和盖板等。

（3）环境温度宜不低于 0℃，相对湿度不宜大于 85％；白天天气以阴天、多云为佳。检测不宜在雷、雨、雾、雪等恶劣气象条件下进行，检测时风速一般不大于 5m/s。当环境条件不满足时，缺陷判断宜谨慎。

（4）在室外或白天检测时，要避免阳光直射或通过被摄物反射进入仪器镜头；在室内或晚上检测时，要避开灯光直射，在安全允许的条件下宜闭灯检测。

2. 精确检测时注意事项

红外热成像精确检测时，除满足一般检测要求外，还应满足：

（1）风速不大于 0.5m/s。

（2）设备通电时间不少于 6h，宜大于 24h。

（3）户外检测期间天气以阴天、夜间或晴天日落以后时段为佳，避开阳光直射。

（4）被检测设备周围背景辐射均衡，尽量避开附近能影响到检测结果的热辐射源所引起的反射干扰。

（5）周围无强电磁场影响。

五、影响因素

1. 大气吸收的影响

红外辐射在传输过程中，被大气中的水蒸气、二氧化碳、臭氧、氧化氮、甲烷等吸收，会有一定的能量衰减。检测时应尽可能选择在无雨无雾，空气湿度低于 85％的环境条件下进行。

2. 大气尘埃和悬浮粒子的影响

大气尘埃和悬浮粒子的存在是红外辐射在传输过程中衰减的又一个原因。这主要是因为大气尘埃的其他悬浮粒子有散射作用，使红外辐射偏离了原来的传播方向。所以，红外检测应在少尘或空气清新的环境下进行。

3. 风力影响

当被测的运行电气设备处于风力较大的室外露天环境下，由于受到风速的影响，设备发热热量会加速散发，裸露导体及接触件的散热条件得到改善，散热系数增大，存在发热缺陷的设备温度也会下降。

4. 辐射率影响

被测目标表面性质不尽相同，辐射率会有很大差别，在相同的温度下，向外辐射的能量也会不同，如果辐射率设置错误，会造成测量误差。要准确测量被试品温度，可以根据不同物体的辐射率，在红外热像仪中设置对应的辐射率。

5. 测量角影响

辐射率与测试方向有关，最好保持测试角在30°之内，不宜超过45°。当不得不超过45°时，应对辐射率进行修正。

6. 邻近物体热辐射的影响

若环境温度与被测物体的表面温度有较大差异，或被测物体本身的辐射率很低，邻近物体的热辐射反射将对被测物体测量造成影响。

7. 太阳光辐射的影响

当被测设备处于太阳光辐射下，其对太阳光的反射波长区域为3～14μm，且分布比例并不固定，这一波长区域与红外热像仪设定的波长区域相同，同时，由于太阳光的照射造成被测物体的温升叠加在被测设备的稳定温升上，两者都极大地影响红外热成像仪的正常工作和准确判断。因此选择在天黑或没有阳光的阴天进行红外测温效果最好。

第五节　油　化　试　验

对于电容式电压互感器来说，油化试验主要是检测电磁单元中油品的质量，包含绝缘油击穿电压试验和绝缘油水分测试两个项目。当二次绕组绝缘电阻不能满足要求或存在密封缺陷时，进行本试验项目。

一、基本概念

1. 绝缘油击穿电压

将电压施加于绝缘油时，随着电压增加，通过油的电流剧增，使之完全丧失所固有的绝缘性能而变成导体，这种现象称为绝缘油的击穿。绝缘油发生击穿时的临界电压值称为击穿电压，此时的电场强度称为油的绝缘强度，表明绝缘油抵抗电场的能力。击穿电压U(kV) 和绝缘强度E(kV/cm) 的关系为

$$E = U/d$$

式中：d 为电极间距离，cm。

纯净绝缘油的击穿是由游离所引起的，可用气体电介质击穿的机理来解释，即在高电场强度下，油分子碰撞游离成正离子和电子，进而形成了电子崩。电子崩向阳极发展，而积累的正电荷则聚集在阴极附近，最后形成一个具有高电导的通道，导致绝缘油的击穿。

通常绝缘油总是或多或少含有杂质，在这种情况下，杂质是造成绝缘油击穿的主要原因。油中水滴、纤维和其他机械杂质的介电系数 ε 比油的要大得多（纤维的 ε 为 7，水的 ε 为 80，而变压器油的 ε 约为 2.3），因此在电场作用下，杂质将被吸引到电场强度较大的区域，在电极间构成杂质"小桥"，从而使油的击穿强度降低。如杂质足够多，则还能构成贯通电极间隙的"小桥"，流过较大的泄漏电流，使之强烈发热，并使油和水局部沸腾和气化，结果击穿就沿此"气桥"而发生。

2. 绝缘油水分测试

变压器油和绝缘材料中含水量增加，直接导致绝缘性能下降并会促使油老化，影响设备运行的可靠性和使用寿命。对水分进行严格的监督，是保证设备安全运行必不可少的一个试验项目。

1935 年卡尔-费休（Karl Fischer）首先提出了利用容量分析测定水分的方法，这种方法即是 GB 6283《化工产品中水分含量的测定》中的目测法。目测法只能测定无色液体物质的水分。后来，又发展为电量法。随着科技的发展，继而又将库仑计与容量法结合起来推出库仑法。这种方法即 GB 7600《运行中变压器油水分含量测定法（库仑法）》中的测试方法。常见的测试方法有卡氏容量法和卡氏库仑法两大方法。两种方法都被许多国家定为标准分析方法，用来校正其他分析方法和测量仪器。

卡氏库仑法测定水分是一种电化学方法。其原理是：在电解池中的卡氏试剂达到平衡时，注入含水的样品，水参与碘、二氧化硫的氧化还原反应，并与吡啶和甲醇反应，生成氢碘酸吡啶和甲基硫酸吡啶，在电极阳极，碘离子又被氧化生成碘分子，从而使氧化还原反应不断进行，直至水分全部耗尽为止，依

据法拉第电解定律，电解产生碘同电解消耗的电量成正比，其反应为

$$H_2O + I_2 + SO_2 + 3C_5H_5N \longrightarrow 2C_5H_5N \cdot HI + C_5H_5N \cdot SO_3$$

$$C_5H_5N \cdot SO_3 + CH_3OH \longrightarrow C_5H_5N \cdot HSO_4CH_3$$

电解过程中，电极反应为

$$阳极: 2I^- - 2e \rightarrow I_2$$

$$阴极: I_2 + 2e \rightarrow 2I^-$$

$$2H^+ + 2e \rightarrow H_2 \uparrow$$

从以上反应中可以看出，1mol 的碘氧化 1mol 的二氧化硫，需要 1mol 的水。即 1mol 碘与 1mol 水的当量反应，即电解碘的电量相当于电解水的电量，电解 1mol 碘需要 2×96493C 电量，电解 1mmol 水需要电量为 96493mC 电量。

样品中水分含量的计算式为

$$\frac{W \times 10^{-6}}{18} = \frac{Q \times 10^{-3}}{2 \times 96493}$$

$$W = \frac{Q}{10.722}$$

式中：W 为样品中的水分含量，μg；Q 为电解电量，mC；18 为水的相对分子质量。

二、试验仪器

1. 全自动绝缘油介电强度测试仪

绝缘油介电强度测试仪（见图 5-54）采用微型单片机控制，机电一体全部自动化，测量精度高，极大地提高了工作效率，同时也大大减轻了工作人员的劳动强度。此设备为六油杯一体式结构，可连续测试 1～6 杯油样；采用微机控制，可自动完成升压、保持、降压、搅拌、静放、换杯、显示、计算、打印等一系列操作，并在 0～100kV 范围内进行绝缘油循环耐压试验。仪器适用性好，具有较强的抗干扰能力，在强电磁场环境可正常工作。

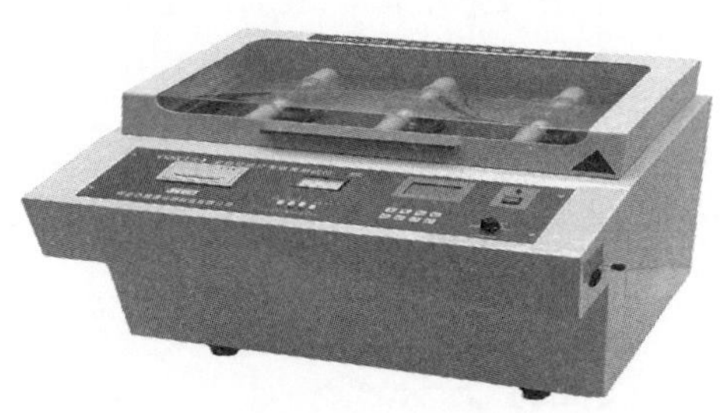

图 5-54　绝缘油介电强度测试仪

2. 绝缘油水分测试仪

绝缘油水分测试仪（见图 5-55）采用库仑法一卡尔费休滴定法测量微量水分。其原理如下：

一个含碘离子、二氧化硫、碱和醇的电解质在滴定池中电解为自由碘。此碘和水按以下反应产生碘化氢，即

$$H_2O + I_2 + SO_2 + CH_3OH + 3RN \longrightarrow 2RN \cdot HI + RN \cdot HSO_4CH_3 \tag{5-23}$$

$$2I^- + 2e \longrightarrow I2 \tag{5-24}$$

将被测样品从样品注入口注入到卡尔费休试剂中。如式（5-24）所示，通过电解氧化试剂中的碘离子生成为碘，从而进行如式（5-23）的化学反应。

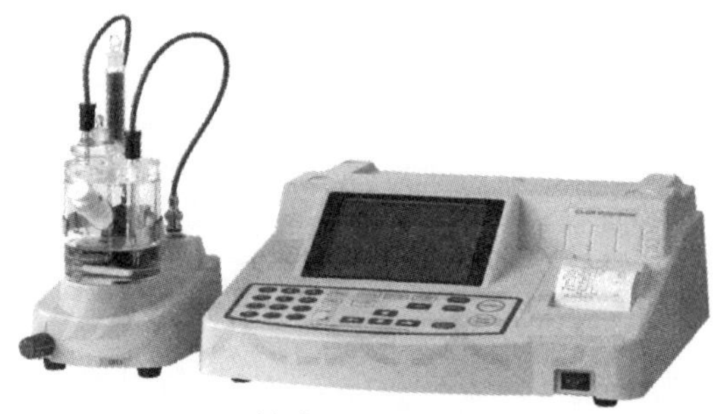

图 5-55 绝缘油水分测试仪

根据法拉第定律，碘的产生量与消耗的电量成正比。这就意味着，被测样品的含水量可以从化学反应过程中消耗的电量中直接计算出来。

此仪器的优势在于它是电化学反应，可通过电子元件检测消耗的电量从而精准测量出微量的水分，仪器精度高。此仪器的卡尔费休试剂稳定性更高，多次试验的准确性和重复性更好。

三、试验方法

1. 试验前准备—取油样

（1）准备工具：安全帽、绝缘鞋、长袖纯棉工作服、取油工具包一个、安全带一条、防油手套一双、大扳手一个、小扳手一个、虎口钳一把、一字头螺丝刀一把、标签若干、纯棉破布若干、导油管用的透明胶管（耐油）或塑料管 Φ4、Φ6、Φ8 各一条（长度 1m 左右）、三通阀一个、500mL 广口瓶（保持干

净干燥）、取样箱、接废油的盆或者桶一个。

（2）从下部取样阀处取样。检查油阀状态，取样前油阀门需先用干净甲级棉纱或布擦净防尘罩，打开油阀后放油冲洗干净，并用棉布擦拭取油口残油。

（3）装上三通管路，用螺丝刀旋转开启阀门，一手拿广口瓶，另一手连接三通，放大约 300mL 废油，旋转三通，用被试品油润洗广口瓶，润洗过程中调整阀门，防止流速太快（取油阀门打开程度和开启后油的流速过大容易产生气泡，如果看到油流进针管过程中有小气泡，应关小阀门），取油样 500mL，迅速关上取样阀门。

（4）擦拭注射器，贴上标签，将注射器头朝下平稳放置放入取样箱。取下连接管路（含三通）并放置在废油桶内，擦拭取油阀门，恢复初始状态，确认无渗油情况。

2. 试验过程

（1）绝缘油击穿电压。根据 GB/T 507《绝缘油击穿电压测定法》和 DL/T 429《电力系统油质试验方法绝缘油介电强度测定法》中的有关要求进行试验，其测定方法如下：

1）试样一般不进行干燥或排气，除非另有规定，整个试验过程中，试样温度和环境温度之差不大于 5℃，仲裁试验时试样温度应为 20℃±5℃。

2）试样在倒入试样杯前，轻轻摇动翻转盛有试样的容器数次，使试样中杂质尽可能分布均匀而又不形成气泡。

3）用待测试样清洗样杯杯壁、电极及其他各部分；调整电极间距为 2.5mm，将试样杯放入测量仪上，放入搅拌子，再缓慢倒入试样，避免产生气泡。测量并记录环境温湿度。

4）打开电源，升压速度调整为 2.0kV/s。按确认键，液晶屏显示“设置”，按选择键可移动光标到各个选项，选择需要测试油杯，Y 表示此号油杯打压，N 表示此号油杯不打压；第一杯升压前油杯静放 15min；之后每一杯升压前间隔 5min；搅拌设置为 1；停止升压的电压值设置为 100kV。

5）设置完毕，按确认键返回主菜单，按选择键移动光标至自动方式，确认后，系统将根据设定的参数自动测试，6 油杯循环打压，每个油杯最多循环打压 6 次，全部打压完成后系统显示耐压值。

（2）绝缘油水分测试。依据 GB/T 7601《运行中变压器油水分测定法（气相色谱法）》中的有关要求进行微量水分测定试验，其测定方法如下：

1）打开电源、调节搅拌速度为 2～3。

2）按下“Titration”滴定键，仪器自检 1min 后开始内部干燥。

3）当滴定速度稳定在 0.1 左右（0.3 以下也可测量，0.1 以下精度更高），即可进样达到 0.1 左右，下降不明显时可将搅拌速度调为 0，取下滴定池摇晃试剂，将内壁上水分充分带入试剂，注意幅度不要让试剂接触到有硅脂的地方，完成后将试剂放回滴定池，速度恢复到 2～3。

4）将 1mL 进样针用所测油样润洗三次，然后取 1mL 样品（注意排尽气泡），按下“Start/Stop”键，将样品快速推入电解池中（缓慢推入时易造成试验时间过长或数据分散性较大），推入时维持针尖贴近液面。

5）仪器“滴滴”声音提示测定完成，记录仪器试验结果。

四、注意事项

1. 取油样

（1）清洗要求：广口瓶使用洗瓶机洗净，并在 105℃下充分干燥，冷却后，盖紧瓶盖。

（2）广口瓶盖和瓶身口处平整并且盖口吻合，密封性良好。

（3）检查导油管用的透明胶管（耐油）或塑料管，注意有无破损、变形。

（4）取样箱应避光、防震、防潮、完好。

（5）油样应具有代表性，避免在油循环死角处取样。

（6）取样过程要求全密封，避免油中溶解水分及气体逸散，及潮气和水分进入试样。

（7）油样避光保存，测试油中水分含量及其他分析油样不得超过十天。

2. 绝缘油击穿电压

（1）接地端子与地线连接牢固，严禁虚接。

（2）试验过程中，严禁操作人员或其他人员触及油杯箱外壳，以免发生危险。

（3）严禁将仪器暴露在潮湿的环境中。

（4）油杯和电极需保持清洁，检查电极间距有无变化，电极头与电极杆丝扣是否松动，如有松动应及时旋紧。严禁用手接触搅拌子表面。

（5）试验完毕后，用质量较好的绝缘油倒满油杯，并将油杯放入箱内盖好箱盖。

3. 绝缘油水分测试

（1）试剂更换：当试剂颜色变为深棕色或者本底值长时间（正常 30min 之内）降不到 0.3 或者测定值波动较大时，可用 0.5μL 标样针取纯水 0.5μL 进行测定，若结果超出（500±25）μg，则需要更换试剂。

（2）密封垫更换：若观察密封垫针孔明显过大，或者进样时针头感觉不到明显阻力说明密封垫破损严重需要更换。

（3）干燥剂更换：颜色变为浅红（粉红）时需要。

（4）若仪器长时间不用或者实验室湿度过大，需将滴定池从搅拌台放在干燥皿内存放。

（5）用 0.5μL 标样针取纯水 0.5μL 进行标定，结果超出标准值（500±25）μg 的 1.5～2 倍，则需清洗电极（主要目的是除去附着的油污，用无水乙醇或者丙酮）。

（6）使用水分气化装置时，试剂中的溶剂会受热快速挥发。挥发的主要成分为甲醇，此时，可以补充无水甲醇，而不需要补充试剂。如果试剂的颜色发生较大变化，或试剂中残留有异物（包括不溶性样品），则需更换试剂。

五、影响因素

现场取油样时要求，环境温度不低于 0℃，相对湿度不大于 80%，取样不宜在雷、雨、雾、雪等恶劣气象条件下进行。试验室温度要求为（20±5）℃恒温状态，相对湿度不大于 80%。若湿度过大会直接击穿电压及油中水分的测量结果。

第六章　电容式电压互感器检修

第一节　电容式电压互感器专业巡视

《国家电网公司变电检修管理规定》中对专业巡视相关要求和周期进行了说明，现场按照其相关要求进行电容式电压互感器的专业巡视工作。

一、专业巡视一般要求

（1）专业巡视应突出专业性和季节性工作特点，保证巡视工作取得实效。

（2）专业巡视应与状态检修的设备信息收集、状态评价和风险分析、检修策略制定及实施等统筹开展、提高效率。

（3）专业巡视应按规定的巡视内容和巡视周期对各类设备进行巡视。巡视情况应有书面或电子文档记录（见附录 A）。

（4）专业巡视应纳入月度检修计划和周工作计划统一管控。

（5）专业巡视应严格执行公司关于现场作业安全的有关规定。

（6）专业巡视过程中发现的设备缺陷应录入电力生产管理系统（PMS）并按缺陷管理流程处理。

二、专业巡视周期要求

（1）一类变电站每月不少于 1 次；二类变电站每季不少于 1 次；三类变电站每半年不少于 1 次；四类变电站每年不少于 1 次。

（2）在迎峰度冬或迎峰度夏前适时开展。

（3）特殊保电前或经受异常工况、恶劣天气等自然灾害后适时开展。

（4）新投运的设备、对核心部件或主体进行解体检修后重新投运的设备，宜加强巡视。

三、专业巡视内容

电容式电压互感器专业巡视内容如表 6-1 所示。专业巡视过程中发现的问题应填写专业巡视结果上报表，详见附录A。

表6-1 专业巡视内容表

序号	巡检内容	巡检标准
1	瓷套	外绝缘表面清洁、无裂纹及放电现象
2	本体	（1）无渗漏油； （2）无异常声响、振动和气味； （3）金属部位无锈蚀，底座、构架牢固，无倾斜变形； （4）接地点连接可靠； （5）上、下节电容单元连接线完好，无松动
3	油位、油色	（1）油标的油位指示，应和环境温度标志线相对应、无大偏差； （2）正常油色应为透明的淡黄色； （3）油位计应无破损和渗漏油，没有影响察看油位的油垢
4	引线及接触部位	一、二次引线连接正常，各连接接头无过热迹象，本体温度无异常
5	膨胀器	无异常，指示正确

第二节 电容式电压互感器检修分类及策略

一、电容式电压互感器检修分类及项目

1. 电容式电压互感器检修分类

根据Q/GDW 459《电容式电压互感器、耦合电容器状态检修导则》及《国家电网公司变电检修管理规定 第7分册 电压互感器检修细则》，电容式电压互感器的检修工作分为四类：A类检修、B类检修、C类检修、D类检修。

（1）A类检修。A类检修是指对电容式电压互感器的整体返厂解体检修和更换。

（2）B类检修。B类检修是指对电容式电压互感器局部性的检修，部件的解体检查、维修、更换和试验。

（3）C类检修。C类检修是指对电容式电压互感器常规性的检查、维护和试验。

（4）D类检修。D类检修指对电容式电压互感器在不停电状态下进行的带

电测试、外观检查和维修。

2. 电容式电压互感器检修项目

电容式电压互感器的检修分类、检修项目和周期见表 6-2。

表 6-2　　电容式电压互感器检修项目表

检修分类	检修项目	检修周期
A 类检修	A.1　本体内部件的检查、维修 A.2　返厂检修 A.3　整体更换 A.4　相关试验	按照设备状态评价决策进行，应符合厂家说明书要求
B 类检修	B.1　主要部件处理 B.1.1　套管 B.1.2　金属膨胀器 B.1.3　储油柜 B.1.4　分压电容器 B.1.5　电磁单元 B.1.6　压力释放阀 B.1.7　其他 B.2　现场干燥处理、滤油等 B.3　其他部件局部缺陷检查处理和更换工作 B.4　相关试验	按照设备状态评价决策进行，应符合厂家说明书要求
C 类检修	C.1　例行试验 C.2　清扫、检查和维护	C.1　基准周期 35kV 及以下 4 年、110(66)kV 及以上 3 年。 C.2　可依据设备状态、地域环境、电网结构等特点，在基准周期的基础上酌情延长或缩短检修周期，调整后的检修周期一般不小于 1 年，也不大于基准周期的 2 倍。 C.3　对于未开展带电检测设备，检修周期不大于基准周期的 1.4 倍；未开展带电检测老旧设备（大于 20 年运龄），检修周期不大于基准周期。 C.4　110(66)kV 及以上新设备投运满 1～2 年，以及停运 6 个月以上重新投运前的设备，应进行检修。对核心部件或主体进行解体性检修后重新投运的设备，可参照新设备要求执行。

续表

检修分类	检修项目	检修周期
C类检修	C.1 例行试验 C.2 清扫、检查和维护	C.5 现场备用设备应视同运行设备进行检修；备用设备投运前应进行检修。 C.6 符合以下各项条件的设备，检修可以在周期调整后的基础上最多延迟1个年度： （1）巡视中未见可能危及该设备安全运行的任何异常； （2）带电检测（如有）显示设备状态良好； （3）上次试验与其前次（或交接）试验结果相比无明显差异； （4）没有任何可能危及设备安全运行的家族缺陷； （5）上次检修以来，没有经受严重的不良工况
D类检修	D.1 带电测试 D.2 维护处理 D.3 检修人员专业检查巡视 D.4 其他不停电的部件更换处理工作	依据设备运行工况，及时安排，保证设备正常功能

二、电容式电压互感器检修策略

1. 电容式电压互感器精益化评价项目检修策略

电容式电压互感器精益化评价项目检修策略见表6-3。

表6-3　　精益化评价项目检修策略表

序号	评价项目	实际状态	检修策略
1	密封性	电容单元渗漏油	安排A类检修，更换处理
		电磁单元渗漏油	开展C类检修，停电检查，根据需要进行密封处理或更换电压互感器
2	油位	油位异常	开展C类检修，调整油位，根据需要进行密封处理，必要时更换电压互感器
3	红外热成像检测	瓷套整体运行温度增高，且上部温升高于2K	开展D类检修，跟踪监测，必要时安排停电检查，根据检查结果进行相应处理
4	外绝缘情况	外绝缘爬距不满足所在地区污秽程度要求且没有采取措施	开展B类检修，加装伞裙或喷涂防污闪涂料，必要时更换电压互感器
		瓷外套防污闪涂料憎水性能异常或破损	开展C类检修，停电检查，根据检查结果开展相关工作

续表

序号	评价项目	实际状态	检修策略
4	外绝缘情况	硅橡胶憎水性能异常	开展B类检修，进行防污闪涂料修补或复涂
		外绝缘破损	开展B类或C类检修，停电检查，根据检查结果做相应修补或更换处理
5	异常声响	互感器内部有放电等异常声响	开展B类检修，进行诊断性试验，根据试验结果进行相应处理
6	底座、二次接线盒	锈蚀、破损严重	开展C类检修，进行除锈、刷漆，必要时开展B类检修更换底座、二次接线盒
7	膨胀器锈蚀、卡滞	金属膨胀器外观破损或锈蚀严重	开展C类检修，进行除锈、刷漆，必要时开展B类检修更换膨胀器
8	高压引线及端子板连接	引线端子板有松动、变形、开裂现象或严重发热痕迹	开展C类检修，检查引线端子及引流线，根据需要进行处理或更换
9	接地连接	接地连接有锈蚀或油漆剥落	开展D类检修，进行除锈、刷漆
		接地引下线松动、脱落	开展C类检修，进行停电处理
10	末屏异常	末屏接地不良引起放电	开展C类检修，停电处理
11	电容器极间绝缘电阻	$\leqslant$5000MΩ	进行诊断性试验，根据试验结果做相应处理，必要时开展A类检修，更换电压互感器
12	电容分压器介质损耗因数	油纸绝缘：$\tan\delta>0.005$；	进行诊断性试验，根据试验结果做相应处理，必要时开展A类检修，更换电压互感器
		膜纸绝缘：$\tan\delta>0.0025$	
13	电容分压器电容量	主绝缘电容量初值差超过±2%	进行诊断性试验，根据试验结果做相应处理，必要时开展A类检修，更换电压互感器
14	二次电压变化量	二次开口三角电压 $3U_0>1.5$V	开展C类检修，测量介损和电容量，根据试验结果进行相应处理
15	相对介质损耗因数	相对介质损耗因数初值差大于10%	开展C类检修，测量介损和电容量，根据试验结果进行相应处理
16	相对电容量比值	相对电容量比值初值差大于5%	开展C类检修，测量介损和电容量，根据试验结果进行相应处理
17	中间变压器二次绕组绝缘电阻	$\leqslant$10MΩ	进行诊断性试验，根据试验结果做相应处理，必要时开展A类检修，更换电压互感器

2. 电容式电压互感器状态检修策略

检修策略应根据精益化评价、年度状态评价和动态评价的结果，考虑设备运行风险，参考制造厂家要求后制定下一次停电检修时间和检修类别。在安排检修计划时，应协调相关设备检修周期，尽量统一安排，避免重复停电。

对于设备缺陷，根据缺陷性质，按照缺陷管理有关规定处理。同一设备存在多种缺陷，也应尽量安排在一次检修中处理，必要时可调整检修类别。

年度状态评价结果应按照设备状态检修导则制定检修策略。

C类检修正常周期宜与试验周期一致。

不停电维护和试验根据实际情况安排。

“正常状态”检修策略，被评价为“正常状态”的电容式电压互感器，执行C类检修。根据设备实际情况，检修周期可按照正常周期或者延长。在检修之前，可以根据实际需要适当安排D类检修。

“注意状态”检修策略，被评价为“注意状态”的电容式电压互感器，如果单项状态量扣分导致评价结果为“注意状态”时，应根据实际情况提前安排C类检修。如果由多项状态量合计扣分导致评价结果为“注意状态”时，应适当加强D类检修，并根据设备的实际情况，增加必要的检修和试验内容。

“异常状态”检修策略，被评价为“异常状态”的电容式电压互感器，根据评价结果确定检修类别和内容，并适时安排检修。实施停电检修前应加强D类检修。

“严重状态”检修策略，被评价为“严重状态”的电容式电压互感器，根据评价结果确定检修类别和内容，并尽快安排检修。实施停电检修前应加强D类检修。

动态评价发现异常的设备应根据问题性质和严重程度及时调整检修策略。

第三节　电容式电压互感器检修项目

一、电容式电压互感器停电检修

电容式电压互感器的停电检修项目如表6-4所示，现场检修参照附录B。

表6-4　　电容式电压互感器的停电检修项目表

序号	关键工序	标准及要求
1	外部检查及清扫	（1）检查本体及均压环有无破损放电痕迹； （2）金属部位无锈蚀，底座、构架牢固，无倾斜变形
2	外绝缘表面情况检查	（1）绝缘表面有无腐蚀、开裂、放电痕迹； （2）清洁外绝缘积尘和污垢，必要时可用中性清洗剂，然后用清洁水清洗并擦拭干净

续表

序号	关键工序	标准及要求
3	一、二次及末屏检查	(1) 一、二次接线端子应连接牢固，接触良好，标志清晰，无过热迹象； (2) 检查二次接线排列应整齐美观，接线牢靠、接触良好不松动； (3) 二次熔断器或二次空气开关正常； (4) 辅助回路和控制回路电缆、接地线外观完好； (5) 末屏检查接触导通良好，末屏引出小套管接地良好，并有防转动措施
4	高压引下线、接地引下线及线夹检查	(1) 高压引下线、接地引下线连接正常，无锈蚀、脱开、断股现象，设备线夹无裂纹； (2) 接地扁铁（铜）无锈蚀，连接可靠，接地标识明显、清晰，无脱落
5	器身铭牌标志检查	(1) 铭牌完好； (2) 各接线端子的标志应齐全清晰
6	密封性检查	(1) 无滴油渗油。 (2) 各密封处有渗漏时，影响运行应更换
7	底座构架情况检查	(1) 底座构架应稳定； (2) 螺丝应无严重锈蚀
8	本体接线盒检查	(1) 检查盒盖和法兰的密封情况，密封良好，内部无受潮，积水情况； (2) 接线盒清洁，连线无虚接，端子引线无锈蚀
9	端子箱检查	(1) 端子箱清洁、无杂物； (2) 端子箱密封良好，无进水受潮，加热驱潮装置功能正常； (3) 端子箱无变形、锈蚀等现象； (4) 端子箱外壳应可靠接地，并符合相关要求； (5) 电缆孔洞封堵到位，密封良好，温湿度控制装置功能可靠，通风口通风良好

二、电容式电压互感器停电更换

当电压互感器出现严重故障不能正常使用或使用年限到达相应年度后应对电压互感器进行整体的更换，以 500kV 电容式电压互感器更换为例进行详细的说明。

1. 更换前的准备工作

需要对新旧设备的容量进行核对，现场主要是对新旧设备铭牌（见图 6-1）进行对比，确定设备型号、尺寸、容量等是否匹配。同时需要对现场进行勘察，主要对现场车辆的站位，现场设备停电范围，工作中的危险点，二次电缆走向和长度是否合适等问题进行现场实地勘察。

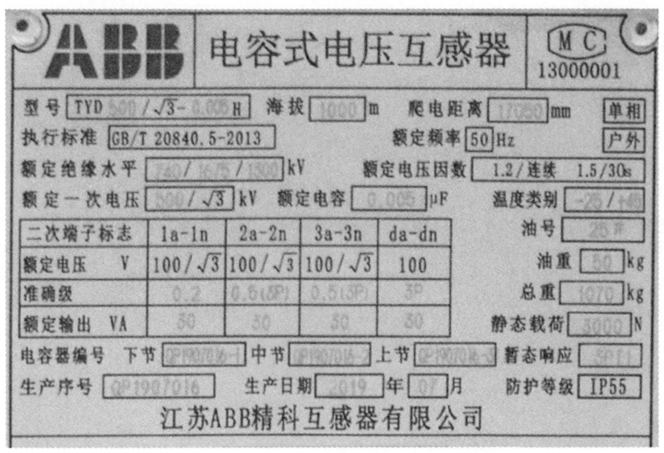

图 6-1　500kV 电压互感器铭牌

2. 旧设备拆除

(1) 拆除电压互感器一次连接线，放好连接螺栓，使用绳子绑扎后固定到附近支架上防止线缆随风力摆动。

(2) 拆除二次接线盒中的二次电缆并用绝缘胶布包扎并记录，将二次电缆的保护管与二次接线盒分离，两者一般在安装时焊接在一起，拆除时使用角磨机进行切割，且切割时将二次电缆置于远离切割点的位置。

(3) 拆除电压互感器均压环，使用专用吊环拆除上节电容分压器，禁止二节或多节起吊，禁止从瓷裙部位起吊。上节拆除后，使用相同方法拆除中节电容分压器。

(4) 拆除分压电容器和电磁单元的组装体，应利用油箱上的起吊孔起吊。不允许利用电容器顶部的吊环或瓷裙起吊。应防止产品翻倒或损伤瓷套。

3. 新设备安装

(1) 新设备的生产尺寸与老设备基础尺寸（见图 6-2 和图 6-3）进行对比，两者尺寸一致方可进行安装，若两者孔距等尺寸不一致，则要根据现场实际情况加装过渡支架或者重新开孔。

(2) 新设备安装前应先进行检查，不得有以下缺陷：

1) 铭牌与所列规格不符。产品铭牌上的电容器的序号必须与设备中的电容器的实际序号相一致。

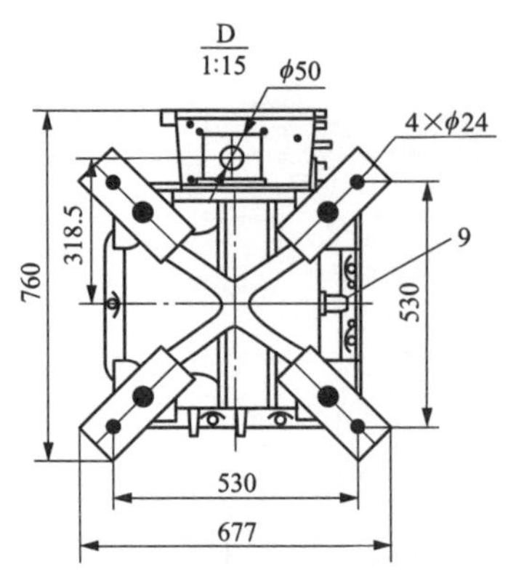

图 6-2　新设备生产尺寸图

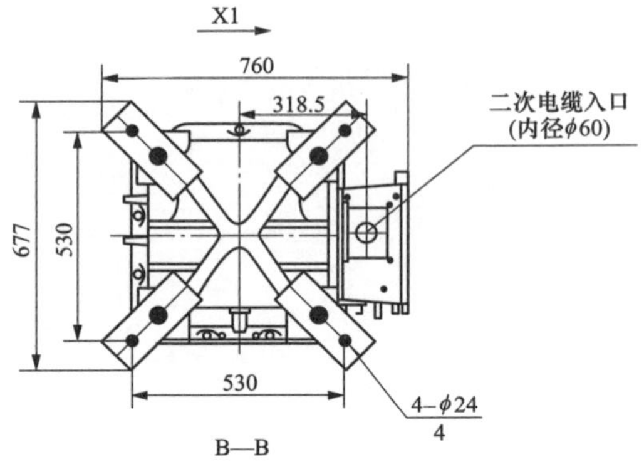

图 6-3　老设备安装尺寸图

2）瓷件破损。

3）其他影响产品正常运行的缺陷，如表 6-5 所示。

表 6-5　　安装前检查项目

序号	检查项目		合格要求
1	各连接、固定、密封用螺栓	松紧程度	无松动
2	高压端连接和接地端连线	松紧程度	无松动
3	油箱、电容分压器	是否渗漏油	无渗漏油现象
		涂（漆）层	无刮伤或剥落现象
4	油位观察窗	油位	最高最低温度油位偏差在 15mm 以内
5	绝缘子	表面	没有破损和污染
6	二次出线盒	引出端子	端子无松动引出端子
		接线板	无雨水进入
		低压端（N）与接地端	直接连接且足够紧
		接线板处有无渗漏油	无渗漏油现象

（3）吊装分压电容器和电磁单元的组装体，拆除电压互感器与底座木板相连的螺栓，用四根同样长度的吊缆置于箱体侧面的起吊钩上，慢慢吊起电压互感器，如图 6-4 所示。注意防止产品翻倒或损坏绝缘子，不允许用电容分压器顶端的法兰或绝缘子的伞裙起吊。

起吊和移动电压互感器时，用另一根绳子或带子将这四根吊缆和电容器捆在一起，以免电压互感器颠覆。起吊时吊缆与电压互感器的顶端接触处应加毡圈或橡皮垫，以免吊缆损坏电压互感器的膨胀器金属罩。

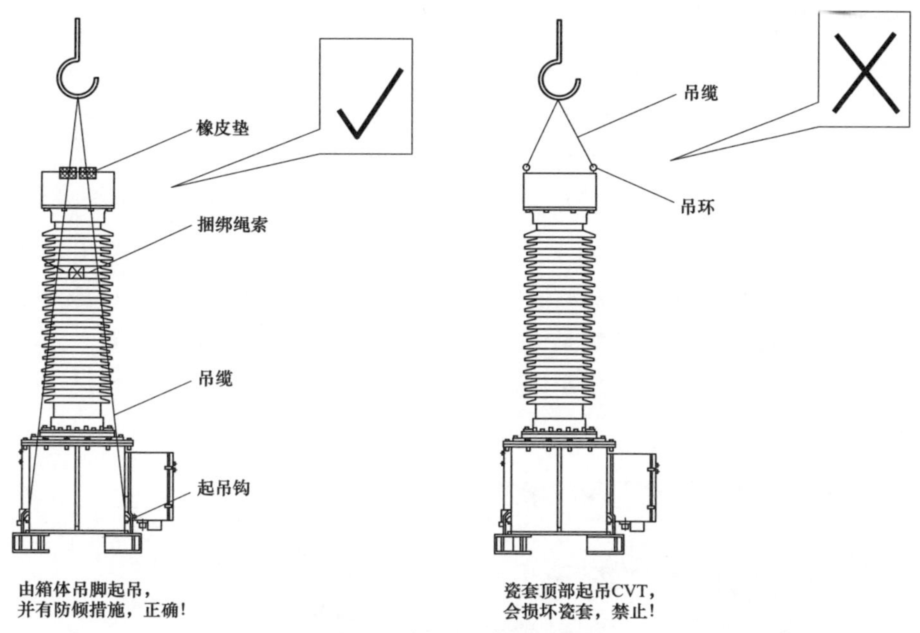

图 6-4　电压互感器的起吊

（4）中节、上节电容分压器的吊装（见图 6-5）使用专用吊环拆除上节电

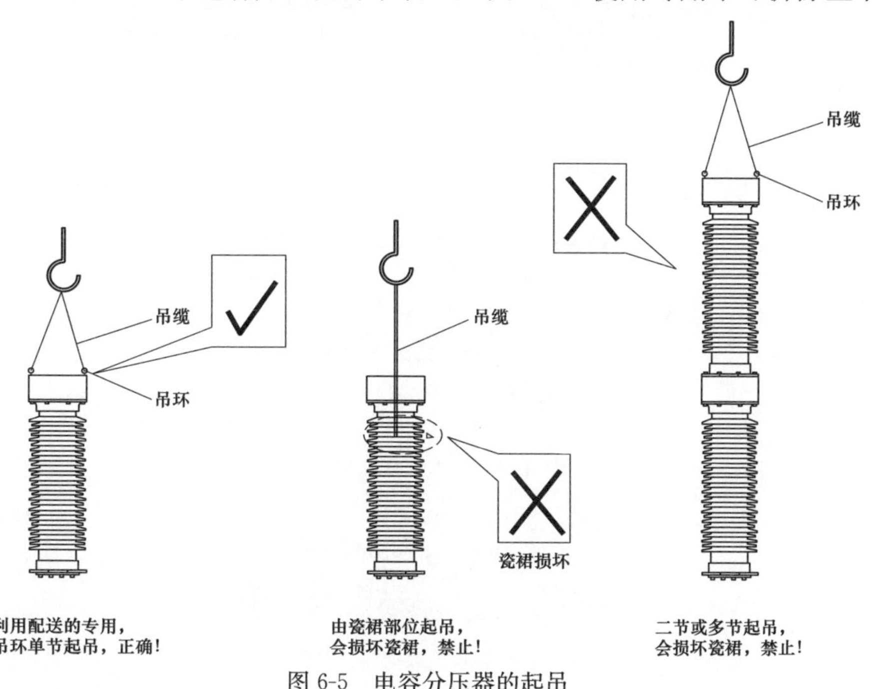

图 6-5　电容分压器的起吊

容分压器，禁止两节或多节起吊，禁止从瓷裙部位起吊。中节、上节电容分压器装配时必须严格按照铭牌所提供的编号装配，不得任意更换，中节、上节编号必须统一，且装配时注意让每一块铭牌一一对齐。

（5）配有中压接地开关的电压互感器，中压接地开关主要用于互感器现场试验时将中压端子与地短接。互感器运行时中压接地开关手柄置于“运行/工作”标识处（见图 6-6），否则互感器可能出现二次绕组无输出或输出电压异常，禁止带电操作中压接地开关。由“运行/工作”切换到“试验/接地”位置时，只需拆掉限位螺栓旋转接地开关手柄至水平“试验/接地”位置，互感器运行时应复原接地开关手柄并安装限位螺栓。

刀闸置于“工作”位置，表示 CVT 能正常工作，一二次电压有对应关系，与普通 CVT 无异	刀闸置于“接地”位置，表示 CVT 的中间电压端被短路接地，CVT 不能正常工作

图 6-6　中压接地开关手柄位置示意图

（6）进行二次侧连线时，将控制电缆通过二次接线盒下方电缆孔与二次侧接线盒内的对应端子相连。控制电缆的保护管应固定到设备支架或二次接线盒（见图 6-7），接线盒内部使用防火泥进行封堵，防止小动物进入。

图 6-7　控制电缆的保护管的固定

（7）在恢复一次连接线前，对各接触面进行清理，保证良好的电气接触性能，接触面上涂抹一层导电膏。同时制作油箱的接地，保证油箱可靠接地。

第四节　电容式电压互感器施工验收

一、电容式电压互感器竣工（预）验收

（1）应对电压互感器外观进行检查核对。

（2）应核查电压互感器交接试验报告。

（3）应检查、核对电压互感器相关的文件资料是否齐全，是否符合验收规范、技术合同等要求。

（4）交接试验验收要保证所有试验项目齐全、合格，并与出厂试验数值无明显差异。

（5）针对不同电压等级的电压互感器，应按照不同的交接试验项目、标准检查安装记录、试验报告。

（6）电压等级不同的电压互感器，根据不同的结构、组部件执行选用相应的验收标准。

（7）验收工作按电压互感器竣工（预）验收标准卡、电压互感器交接试验验收标准卡、附录电压互感器资料及文件验收标准卡要求执行见附录 C。

二、电容式电压互感器检修后的验收

检修后的验收项目及内容：

（1）检修试验项目齐全，试验数据符合要求。

（2）现场清洁，设备上无临时短路接线及其他遗留物。

（3）设备铭牌应齐全，正确，清楚。

（4）绝缘子、瓷套、瓷质部分应清洁、无破损、无裂纹。

（5）引线无过紧、过松、散股、断股，一、二次接线端子应连接牢固，接触良好。

（6）电压互感器油位正常，油色应透明不发黑，外壳无渗油现象，油位计的玻璃应完整清洁。

（7）极性关系正确，电压比符合运行要求。

（8）三相相序标志正确，接线端子标志清晰，运行编号完备。

（9）电压互感器需要接地各部位应接地良好。

（10）金属部件油漆完整，整体擦洗干净。

（11）端子箱密封良好，二次接线排列整齐，接头应紧固、无松动，编号清楚。

（12）试验项目齐全，试验结果符合标准。

第五节　电容式电压互感器的使用维护和安全注意事项

电容式电压互感器的使用维护和安全注意事项：

（1）电容式电压互感器在使用期间应经常检查产品的电气连接和机械连接是否可靠与正常。

（2）电容式电压互感器为充油密封结构，在使用期间应经常巡查产品的密封情况，如发现渗漏，应及时处理。

（3）在运行过程中，应随时注意电容式电压互感器有无异常响声，二次电压指示是否正常，三相电容式电压互感器的开口三角电压是否明显升高等。如有异常应及时处理。

（4）电容式电压互感器出厂时，N 端子和 X 端子、X 端子和接地端子已用连接片可靠连接。当不用于载波通信时，N、X 端子的连接片不得打开。

（5）电容式电压互感器出线盒中 d1、d2 端子是阻尼器的连接端子，使用中必须保证可靠连接，不允许松动。

（6）必须将电容式电压互感器油箱壁上的接地螺栓与接地体可靠连接。

（7）运行中严禁接触或接近产品的带电部分包括瓷套，在检查试验前，须将电压互感器从线路上断开，通过接地棒多次放电后方可试验，严禁带电接触产品。

（8）检查试验后，须将 X 端子和接地端子用连接片可靠连接，并恢复接线，方可投运。

（9）严禁拆开电容分压器、电磁装置上面密封用的紧固螺栓及注油孔密封件，以免产生漏油并使介质受潮。

（10）严禁将分压电容器与电磁装置分离。

（11）使用期间应经常检查视察窗内的油位。当互感器运行在最高环境空气温度时，油位不超过视察窗最高位置；当运行在最低环境空气温度时，油位不超过视察窗最低位置均为正常情况。一旦发现油位超过油位视察窗最高或低位置，应重点检测互感器电容、温升是否有异常情况。可采用红外测温设施对比相同电压互感器电容器及电磁单元的温升，若发现温升异常，互感器应退出运行检查。

第七章　电容式电压互感器故障分类及案例

第一节　电容式电压互感器常见缺陷及处理

对某公司 2018～2020 年年度缺陷进行统计分析，找出电压互感器三年来的缺陷发生情况。2018 年，该公司电压互感器设备共发生缺陷 14 条，14 条缺陷按类型分类排在前三的是保险故障（4 条）、锈蚀（3 条）、本体或接线盒渗油（2 条）、油位观察窗脏污（2 条），如图 7-1 所示。

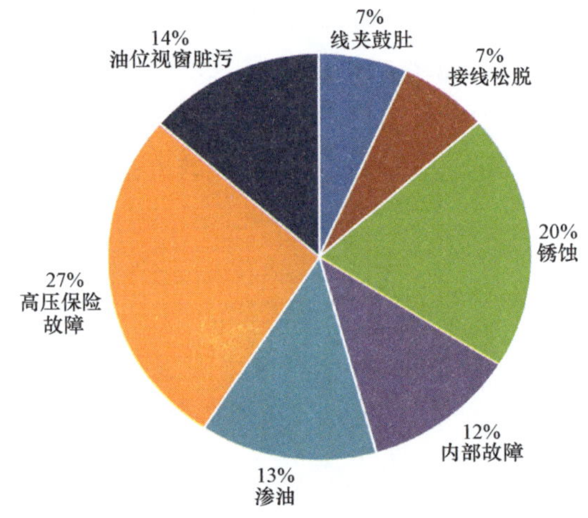

图 7-1　某公司 2018 年电压互感器设备缺陷分类图

2019 年，公司电压互感器设备共发生缺陷 13 条，13 条缺陷按类型分类排在前三的是汇控柜故障（3 条）、保险故障（2 条）、二次空气开关（2 条）、渗油（2 条）、漏气（2 条），如图 7-2 所示。

2020 年，公司电压互感器设备共发生缺陷 10 条，13 条缺陷按类型分类排在前三的是锈蚀（3 条）、渗油（2 条）、漏气（2 条），如图 7-3 所示。

根据以上分析，电容式电压互感器缺陷的发生有很多种类，对常见缺陷进行统计，主要有以下几种：电压互感器高压保险故障、电压互感器渗油、电压

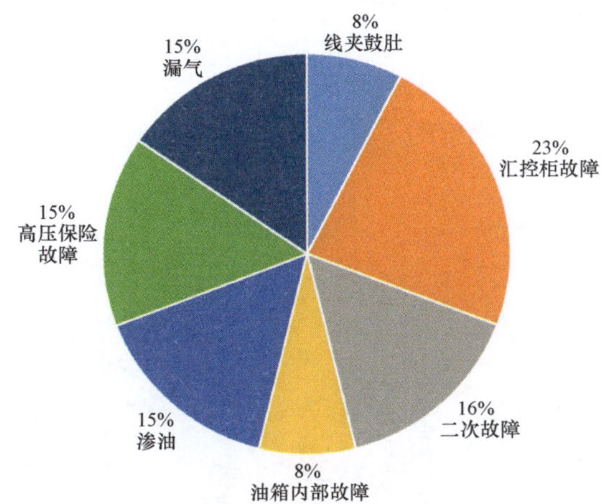

图 7-2　某公司 2019 年电压互感器设备缺陷分类图

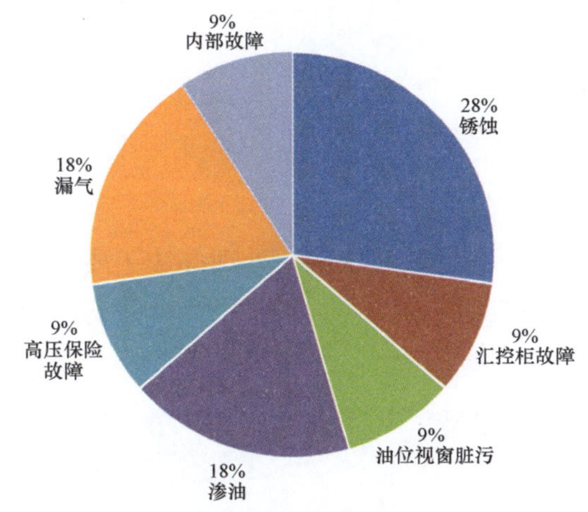

图 7-3　某公司 2020 年电压互感器设备缺陷分类图

互感器锈蚀等，针对以上几种缺陷对其处理方法进行总结说明。

1. 电容式电压互感器高压保险故障

针对电容式电压互感器高压保险故障的缺陷，处理办法主要是更换高压保险，在更换过程中要弄清楚高压保险的额定电流，如果更换的高压保险额定电流较小，就会频繁出现烧毁高压保险的情况，需要使用更大额定电流的高压保险，现场一般使用额定电流为 2A 的高压保险，如图 7-4 所示。

2. 电容式电压互感器渗油

电容式电压互感器渗油往往是由于互感器密封不严造成的。根据渗油位置进行不同的处理，如是二次接线盒渗油，只需对称均匀拧紧周围密封螺钉即可解决。可使用小套筒扳手对二次螺栓进行紧固；如是中压接地开关（如有）渗油（见图 7-5），根据渗油位置的不同，停电更换相应的耐油密封垫。

图 7-4　高压保险断裂

图 7-5　渗油处理前

3. 电容式电压互感器锈蚀

针对电容式电压互感器锈蚀的缺陷，处理办法主要是除锈，使用钢丝刷将对锈蚀部位的锈渣、漆皮进行清除，清除后使用防锈漆进行复涂，如图 7-6 所示。

图 7-6　电容式电压互感器锈蚀

第二节　电容式电压互感器常见故障及处理

运行中，发现电容式电压互感器有下列故障现象之一者，应立即停用：

（1）高压侧熔断器连续熔断两次（内部的故障可能很大）。

（2）内部发热，温度过高。电压互感器内部匝间、层间短路或接地时，高压侧熔断器可能不熔断，引起过热甚至可能会冒烟起火。

（3）内部有放电“噼叭”响声或其他噪声。可能是由于内部短路、接地、夹紧螺丝松动引起，主要是内部绝缘被破坏。

（4）电压互感器内或引线出口处有严重喷油、漏油或流胶现象。此现象可能是由于内部发生故障，过热引起。

（5）内部发出焦臭味、冒烟、着火。此情况说明内部发热严重，绝缘已烧坏。

（6）套管严重破裂放电，套管、引线与外壳之间有火花放电。

（7）严重漏油至看不到油面。严重缺油使内部铁芯露于空气中，当雷击线路或有内部过电压出现时，会引起内部绝缘闪络，烧坏电压互感器。

电压互感器内部故障、二次导线受潮、腐蚀及损伤，使二次线圈接地短路；发生一相接地短路及相间短路等故障，由于短路点在二次熔断器前面，在高压侧熔断器熔断之前，故障点不会自动隔离。

电压互感器二次线圈及接线发生短路时，二次阻抗将变小，短路电流会很大。此时，高压侧熔断器一般不一定熔断，内部会有异常声音，二次侧熔断器拔下短路故障也不会消失，电压互感器本身会很快烧坏。

高压侧熔断器不是保护互感器过载的，而是保护内部短路故障的。所以，内部发生匝间、层间短路等故障，高压侧熔断器不一定熔断。而高压熔断器未熔断时，一次线圈上流过大于额定电流很多的故障电流，时间稍长，就会过热、冒烟甚至起火，应尽快将其停用。

电压互感器着火，应在切断电源后，用干粉、1211 灭火器灭火。

将有故障的电压互感器停电，应首先考虑防止继电保护和自动装置（如自投装置、电容器组保护装置）误动作。因此，应退出可能误动的保护及自动装置，然后停用有故障的电压互感器。同时还要注意，如果发现电压互感器高压侧绝缘损坏或发生严重的内部故障（如着火、冒浓烟等），并且高压侧未装熔断器或高压熔断器不带限流电阻的，不能使用隔离开关直接拉开故障电压互感器，应当用断路器切除故障。如果使用隔离开关隔离故障，可能在拉开故障电流时，引起母线短路、设备损坏或人身事故。如果是故障相的高压熔断器已经熔断，或者是高压熔断器带有合格的限流电阻时，可以根据现场规程的规定，使用隔离开关拉开有故障的电压互感器。

对于不能用隔离开关隔离的故障电压互感器，应根据本站的一次接线和运行方式尽快采取倒运行方式的方法，用断路器将其切除。例如：双母线接线，可以经倒运行方式，用母联断路器切除故障。

处理电压互感器上述严重故障的程序和一般方法为：

（1）退出可能误动的保护及自动装置，断开故障电压互感器的二次开关（或拔掉其二次熔断器）。

（2）电压互感器三相或故障相的高压熔断器已经熔断时，可以拉开隔离开关隔离故障。

（3）高压熔断器未熔断，高压侧绝缘未损坏的故障（如漏油至看不到油面、内部发热等），可以拉开隔离开关隔离故障。

（4）高压熔断器未熔断，所装高压熔断器上有合格的限流电阻时，可以根据现场规程的规定拉开隔离开关，隔离严重故障的电压互感器。

（5）高压熔断器没有熔断，电压互感器故障严重，高压侧绝缘已经损坏或高压熔断器无限流电阻的，只能用断路器切除故障。应尽量利用倒运行方式的方法隔离故障，否则，只能在不带电情况下拉开隔离开关，然后恢复供电。

（6）故障隔离后，可以经倒闸操作，在一次母线并列后，合上电压互感器二次联络开关，重新投入所退出的保护及自动装置。

第三节　典　型　案　例

【案例 1】 电容式电压互感器下节电容器心子部分向电磁单元油箱渗油故障

1. 故障现象

某 220kV 电容式电压互感器型号为 TYD2-220/$\sqrt{3}$-0.01H，额定电压为 220/$\sqrt{3}$kV，额定电容 0.01μF，一次电压 U_{pr} 为 220/$\sqrt{3}$kV，主二次 1 号绕组 1a-1n 参数为：100/$\sqrt{3}$ V，50VA，0.2 级；主二次 2 号绕组 2a-2n 参数为：

$100/\sqrt{3}$V，50VA，0.5级；主二次3号绕组3a-3n参数为：$100/\sqrt{3}$V，50VA，0.5级；辅助二次绕组da-dn参数为：100V，50VA，3P级。

2014年4月25日，对该电压互感器进行红外精确测温时发现B相下节（第7裙）法兰下部温度较A、C明显偏高根据《带电设备红外诊断应用规范》判定为一般缺陷，根据DL/T 664《带电设备红外诊断应用规范》判定B相有异常。分析认为：虽然温差只有1.1K（见图7-7），但对于电压致热型设备可能内部会存在较大的隐患，必须缩短红外检测周期，进行持续跟踪，并结合停电开展其他试验。

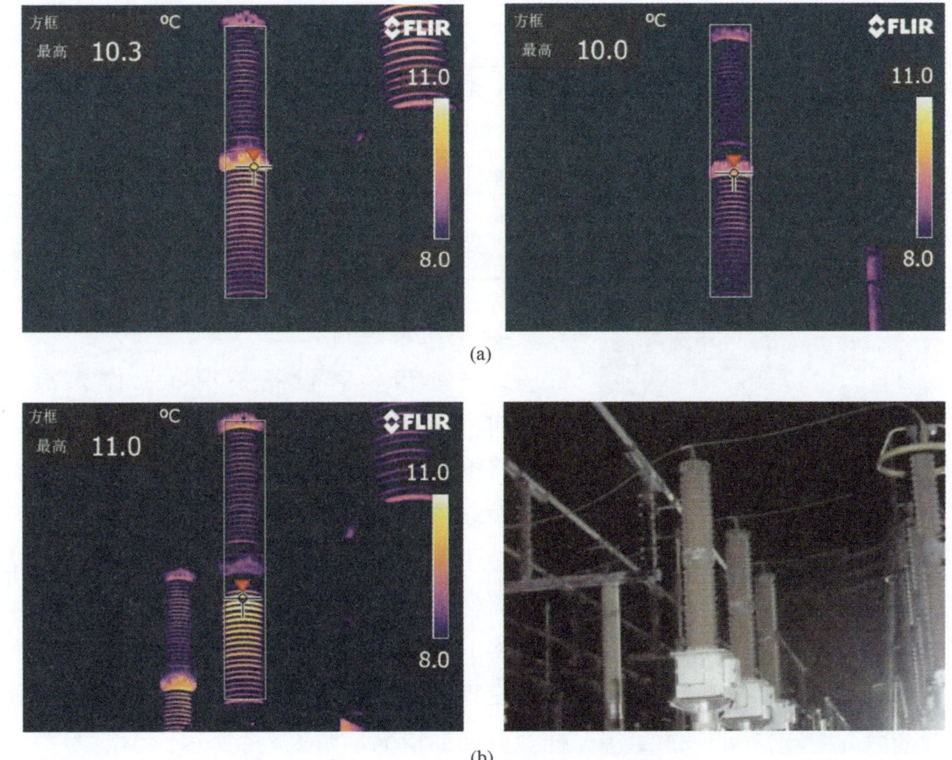

图7-7　电压互感器红外测温结果

(a) A、C相正常测温图谱；(b) B相测温图谱及可见光照片

为进一步确定设备情况，2015年9月组织对该电压互感器开展停电试验及外观，停电结果如表7-1所示，未见任何异常。外观检查发现电压互感器B相油箱油位略高，其他无异常，检查结果详见表7-2所示。

表 7-1　　　　　　　　　　停电试验报告

试验项目		A 相上节	A 相下节	B 相上节	B 相下节	C 相上节	C 相下节
绝缘电阻（MΩ）		10000	10000	10000	10000	10000	10000
介质损耗及电容量	电容量初值（pF）	20710	21020	20760	20860	20590	20810
	电容量测试值（pF）	20770	20835	20840	20669	20660	20577
	电容量初值差	0.29%	−0.88%	0.39%	−0.92%	0.34%	−1.12%
	介损	0.104	0.109/0.105	0.114	0.126/0.058	0.121	0.113/0.111

表 7-2　　　　　　　　　　外观检查情况一览表

检查项目	检　查　结　果
瓷套	清洁完整，无损坏及裂纹，无放电现象
高压侧引线	接触良好，无过热现象
声音	运行时内部声音正常
整体外观	平整清洁，无开裂、气泡、变形、接线板无歪斜现象；法兰连接螺栓无松动现象
油位	B 相油箱油位在正常范围内，较其他两相略高

2. 现场解体情况

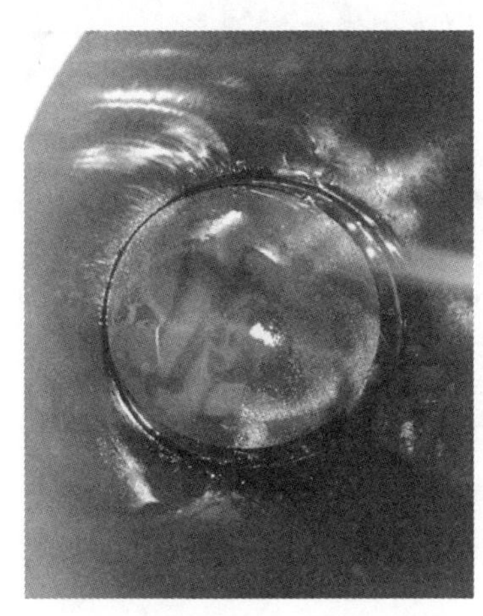

图 7-8　下节瓷套内部油位照片（膨胀器已取出）

为进一步检查设备情况，工作人员于 2016 年 12 月对拆除的电压互感器 B 相进行解体。将电压互感器上下节分离，下节上封盖打开后发现电压互感器内部绝缘油油面位置仅与电容芯子平齐，未达到厂家绝缘油应完全浸泡膨胀器标准，如图 7-8 所示。

将 B 相电压互感器下节瓷套与电磁单元分离后发现电容器尾端与电磁单元连接的穿心螺杆处有渗油情况，如图 7-9 所示。

电磁单元绝缘油不清澈，颜色发紫。绝缘油检查照片如图 7-10 所示，证明故障设备电磁单元绝缘油内有电压互感器本体瓷套内绝缘油混入。

3. 故障原因分析

该设备 1998 年生产，本体电容器尾端、中间抽头与电磁单元连接均采用

图 7-9　电容器尾端穿心螺杆渗油照片（箭头为渗油部位）

(a)

(b)

图 7-10　电磁单元绝缘油对比照片（左侧为故障设备）

（a）B 相电磁单元绝缘油；（b）正常设备电磁单元绝缘油

密封垫和穿心螺杆固定工艺，因密封垫装配错位或老化后，电压互感器下节瓷套内绝缘油将沿密封垫处渗漏至电磁单元。本次设备故障原因是密封垫老化后电压互感器下节瓷套内绝缘油渗出，导致电容芯子顶端压板部分及膨胀器露出油面，引发温度异常。

电压互感器下节瓷套内膨胀器本身电阻很小，不发热，在不被绝缘油浸泡时，发热部件温度传导慢，温度低于正常设备温度，符合红外精确测温结果。未被油面浸泡的电容芯子压板部位未被绝缘油浸泡，电容芯子发热热量不能及时散出，温度高于正常设备温度，符合红外精确测温结果。

电压互感器下节瓷套内绝缘油油位降低，但仍能覆盖电容芯子，因此电容量和介质损耗例行试验正常。

4. 预防措施及建议

(1) 在生产过程中提高 TYD_2-220$\sqrt{3}$-0.01H 型电压互感器电容尾端与电磁单元连接瓷套管密封工艺，提高密封效果，尽量降低电容尾端与电磁单元连接瓷套管漏油的可能性，以提高整个电压互感器的可靠性；

(2) 组织对该型号电压互感器开展专项隐患排查，加强红外精确测温和电磁单元油位检查，发现异常及时处理，同时加强对电压致热型设备的红外精确测温，及时发现设备隐患。

【案例 2】 35kV 电容式电压互感器阻尼装置谐振电容器缺陷故障

1. 故障现象

某 35kV 电容式电压互感器型号为 TYD3 35/$\sqrt{3}$-0.02FH，额定电压为 35/$\sqrt{3}$kV，额定电容 0.02μF，一次电压 U_{pr} 为 35/$\sqrt{3}$kV，主二次 1 号绕组 1a-1n 参数为：100/$\sqrt{3}$V，50VA，0.2 级；主二次 2 号绕组 2a-2n 参数为：100/$\sqrt{3}$V，50VA，0.5 级；主二次 3 号绕组 3a-3n 为：100/$\sqrt{3}$V，50VA，0.5 级；辅助二次绕组 da-dn 参数为：100V，50VA，3P 级。2008 年 7 月投运。

2017 年 7 月，检测人员对某 500kV 变电站 35k 设备区进行红外测温，发现 35kV Ⅰ母电压互感器 A 相电磁单元存在异常发热现象，整体温升偏高，其中中部偏上位置温度高，热点温度为 51.2℃，B 相、C 相对应部位温度分别为 42.1℃、43.1℃，环境参考体温度 30℃，可见光照片和检测图谱分别如图 7-11

图 7-11　母电压互感器可见光照片

和图 7-12 所示。A 相温升 21.2K，相间温差 9.1K，为严重缺陷，初步判断为阻尼装置中谐振电容器故障，需尽快进行谐振电容器的现场更换。

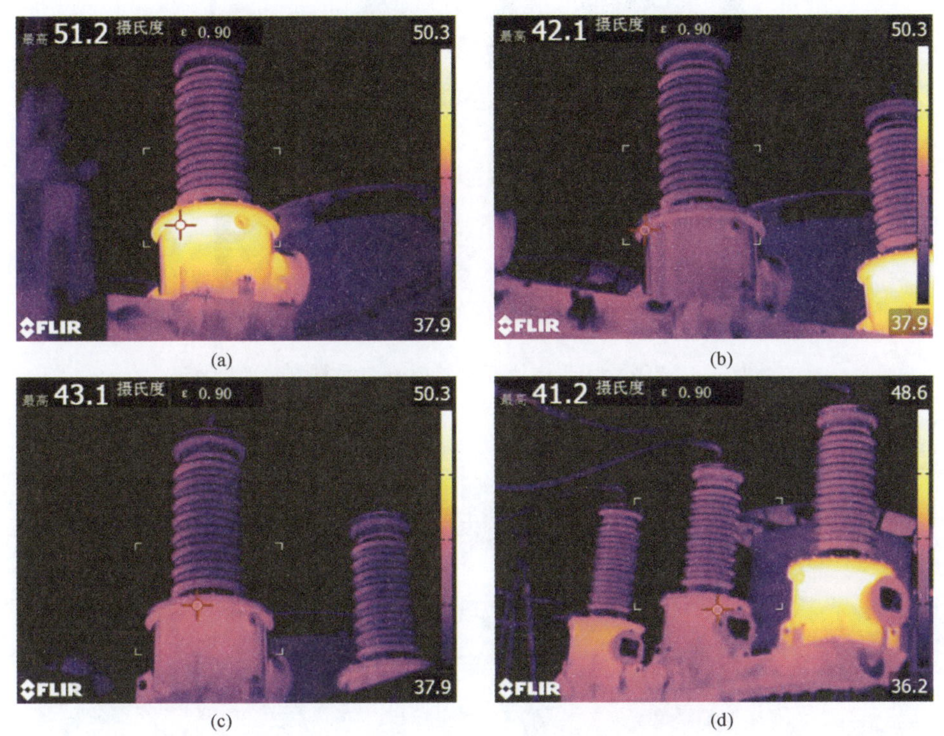

图 7-12　红外图谱

(a) A 相；(b) B 相；(c) C 相；(d) 三相

为验证该处的发热情况，对 35kV Ⅰ母电压互感器电磁单元进行跟踪复测，发现 35kV Ⅰ母电压互感器 A 相电磁单元异常发热现象持续存在，相间温差 8.9K，如图 7-13 所示。其他间隔该部位温度正常。

2. 缺陷处理情况

35kV Ⅰ母电压互感器电磁单元存在内部异常发热现象，相间温差 9.1K。初步判断为阻尼装置中谐振电容器故障，需尽快进行谐振电容器的现场更换。在处理前应加强对该部位温度跟踪检测，避免缺陷进一步加剧。

经与厂家沟通，最终决定将此电压互感器进行返厂维修。更换白色圆圈标记 C 的配件如图 7-14 所示，该图为电容器厂内进行解体图片，实际更换不需将电磁单元吊出，仅需更换配件即可。

图 7-13　35kV Ⅰ母电压互感器电磁单元复测热像图谱

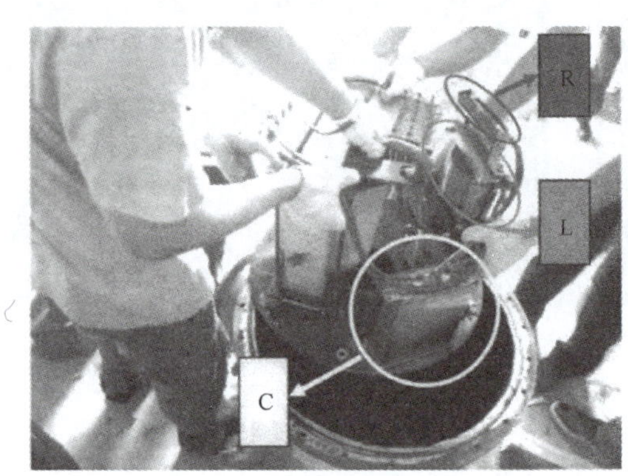

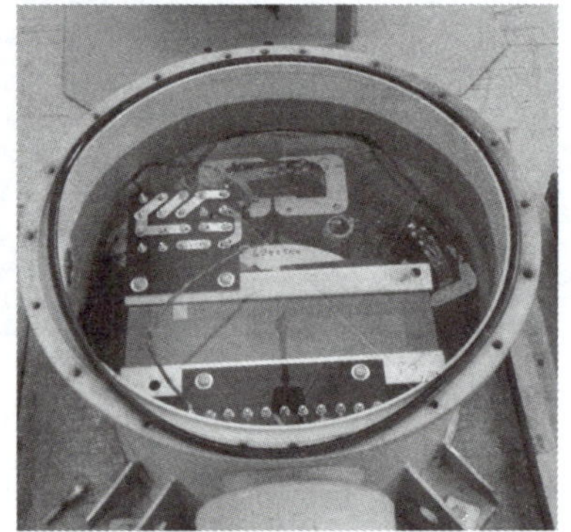

图 7-14　厂内解体图

3. 故障原因分析

检查周围环境中无热源影响，排除外部辐射干扰。在不同角度对 35kV Ⅰ母电压互感器电磁单元进行检测，确定该设备存在异常发热现象，温升 21.2K，相间温差 9.1K。

电容式电压互感器为电压致热型设备，其结构如图 7-15 所示，可以看到电容式电压互感器底部的电磁单元中存在多种元件，当它们发生受潮老化、绝缘降低等问题时，就会异常发热，通过热传导、对流等方式传导到外壳上反映出来。电磁单元发热原因主要有内部线圈匝间短路异常、电磁单元内部介质损耗

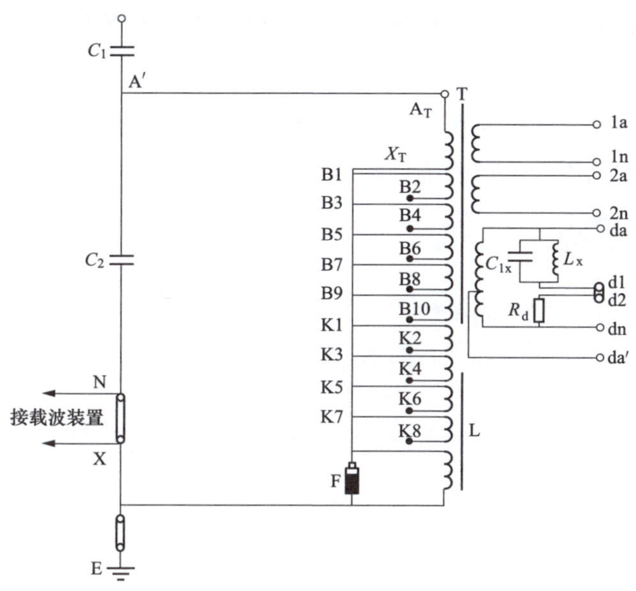

图 7-15　35kV Ⅰ母电容式电压互感器电磁单元结构图

偏大、电磁单元内部进水受潮、内部元件故障等。

通过查阅资料，发现另一个 500kV 变电站 35kVⅢ母电压互感器曾发生类似发热缺陷，且为同型号同厂家设备，35kVⅢ母电压互感器红外图谱如图 7-16 所示。

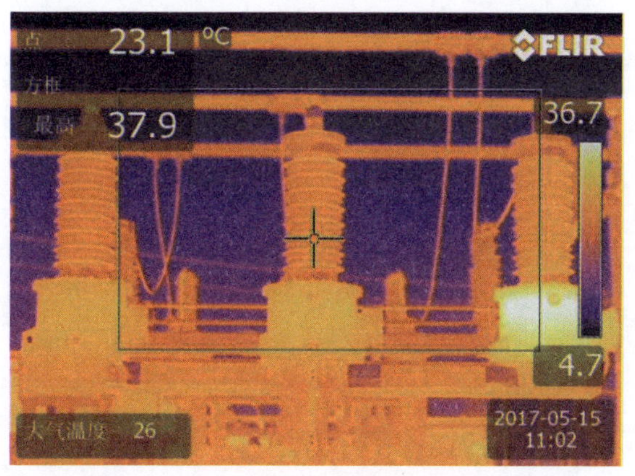

图 7-16　35kVⅢ母电压互感器红外图谱

35kVⅢ母电压互感器 A 相 26.3℃，B 相 26.5℃，C 相 37.9℃，根据相关规程，该设备为电压致热型设备，属于严重缺陷，经与厂家联系，分析为阻尼装置中谐振电容器故障，需尽快进行谐振电容器的现场更换。

4. 预防措施及建议

（1）电容式电压互感器属于电压致热型设备，对其进行测温时，采用同类比较判断法，并利用停电试验确认缺陷原因。

（2）设备巡视中进行红外测温，建立设备异常台账，对异常设备进行重点跟踪。

（3）检修人员进行专业巡检要加强电压互感器精确测温并形成书面记录，建立设备发热缺陷库，出现异常时要高度关注，尤其要提高电压致热型缺陷的敏感性。

【案例3】 电容式电压互感器阻尼装置的谐振电容器损坏

1. 故障现象

某35kV电容式电压互感器型号为TYD35/$\sqrt{3}$-0.02FH，额定电压为35/$\sqrt{3}$kV，额定电容为20000pF，一次电压U_{pr}为35/$\sqrt{3}$kV，主二次1号绕组1a-1n参数为：100/$\sqrt{3}$V，50VA，0.2级；主二次2号绕组2a-2n参数为：100/$\sqrt{3}$V，50VA，0.5/SP级；辅助二次绕组da′-dn参数为：100/3V，100VA，3P级；辅助二次绕组da-dn参数为：100V。

2018年8月7日5时12分，某500kV变电站监控后台报出信号：某台主变压器保护A柜、B柜电压互感器断线。经检查后发现该主变压器35kV侧设备及35kVⅢ母范围内一次设备的外观均无异常，如图7-17和图7-18所示；对二次设备及回路进行检查，用万用表测量35kVⅢ母电压互感器端子箱保护1、保护2、计量、测量二次电压，其中A、B相的保护1、保护2电压为58V、

(a)

(b)

图7-17 异常前后

（a）35kVⅢ母电压互感器设备异常前（三相）；（b）设备发生异常后（C相）

59V，C 相保护 1、保护 2 电压均为 74V，35kVⅢ母电压互感器的 C 相二次电压明显升高，综合判断为 35kVⅢ母电压互感器故障，随即申请临时停电检修工作。

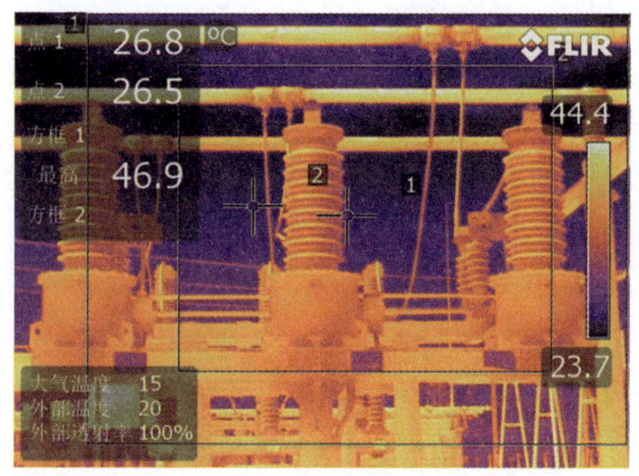

图 7-18　设备异常前最近一次红外图谱

停电后，试验人员对该组电压互感器进行试验，测试结果见表 7-3。其中，C 相 X_L 端子对地绝缘电阻小于 0.1mΩ，低于规程要求，其余绝缘电阻均正常；采用自激法进行介质损耗及电容量测试，三相测试数据均合格；变比测试中，A、B 相变比合格，C 相变比测试结果明显小于额定值。同时对 35kVⅢ母电压互感器开展电磁单元绝缘油微水和油耐压试验，微水及耐压试验合格。根据检测结果，该电压互感器 C 相变比异常，X_L 端子绝缘严重降低，更换故障相后，对故障设备进行解体分析。

表 7-3　　2018 年 8 月 8 日电压互感器异常后试验报告

试验项目	相别	电容器极间	N/其他	X_L/其他	二次绕组间及对地
绝缘电阻（MΩ）	A	10000	5000	5000	5000
	B	10000	5000	5000	5000
	C	10000	5000	<0.1	5000
介质损耗及电容量测试	相别	tgδ（%）	实测电容量（pF）	出厂电容量（pF）	初值差（%）
	A 上	0.063	40250	/	/
	A 下	0.078	40730	40300	1.07
	A	/	20244	20196	0.24

续表

试验项目	相别	电容器极间	N/其他	X_L/其他	二次绕组间及对地
介质损耗及电容量测试	B上	0.057	40570	/	/
	B下	0.081	40310	40100	0.52
	B	/	20220	20166	0.27
	C上	0.056	40470	/	/
	C下	0.063	40710	40500	0.52
	C	/	20295	20333	−0.19

试验项目	相别	变比			变比误差（%）		
		1a1n	2a2n	da′dn	1a1n	2a2n	dadn
变比测试	额定变比	350	350	606	/	/	/
	A	349.5	349.5	602.2	0.14	0.14	0.66
	B	349.8	349.8	602.8	0.06	0.06	0.56
	C	289.4	289.6	500.4	−17.31	−17.26	−17.45

解体前，对该设备进行了更详细的检测，结果与表 7-3 基本一致。同时细化了对绝缘电阻的测试，测试结果如表 7-4 所示，X_L/dadn、X_L/da′dn 绝缘为零。

表 7-4　　　　电压互感器解体前绝缘电阻检测

相别	测试位置	绝缘电阻（MΩ）
C	一次绕组/地	10000
	N/地	5000
	X_L/N	5000
	X_L/地	5000
	X_L/1a1n	5000
	X_L/2a2n	5000
	X_L/dadn	0
	X_L/da′dn	0
	N/1a1n	5000
	N/2a2n	5000
	N/dadn	5000
	N/da′dn	5000
	二次绕组间对地	5000

2. 现场解体情况

解体后对设备内部进行查找，发现在阻尼装置单元内部的谐振电容器已损坏（其电容量由铭牌上的 200μF，降低为 69.6pF），如图 7-19 所示。同时外部膨胀变形，其上端的接线柱位置上升将中间变压器的调压板上的调压绕组端子短接，导致中间变压器调压板上的一次侧绕组的部分末端调压绕组与 da-dn 绕组中的 dn 端子发生短接。其余设备部分未发现异常。

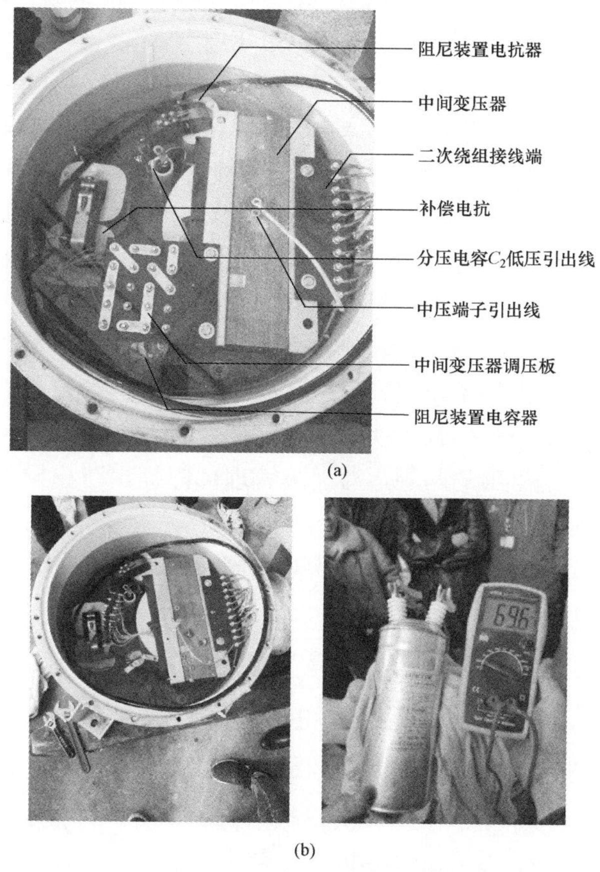

图 7-19 电压互感器解体

(a) 电压互感器电磁单元实体图；(b) 电磁单元发现异常

3. 原因分析

(1) 电压互感器故障原因。阻尼装置单元的谐振电容器损坏膨胀变形，其上端端子连接中间变压器调压板上的一次侧绕组的部分调压绕组与绕组 da-dn

中的 dn 端子发生短接。导致测量 X_L 端与绕组 da-dn 的绝缘为零，设备运行时中间变压器一次绕组尾端未按正常情况经 X_L 端接地，导致中间变压器一次绕组的实际有效线圈匝数减少，中间变压器一次绕组对二次绕组变比均变小，二次电压抬高，触动保护装置光字报信号。

(2) 谐振电容器故障原因。由于谐振电容器密封结构为金属压接，如密封不严则会导致变压器油渗入电容器内部，由于谐振电容器的电容极板为薄膜金属镀层，遇到变压器油后会溶解脱落，使局部极板因有功损耗变大导致发热、击穿，从而导致电容器膨胀变形，电容量发生改变。

4. 预防措施及建议

通过对电容式电压互感器的解体及测试结果进行分析，得出以下结论：

(1) 该批次型号电压互感器阻尼单元的谐振电容器和谐振电抗器，在正常运行时发生电流谐振，因此谐振单元电流近似为零，其电容器因设计工艺原因，长期在变压器油的浸泡中易发生溶解渗油。渗油后电容器一方面会膨胀变形，另一方面电容器的电容量降低，谐振效果消失，电阻 Rz 在二次绕组 da-dn 的电压下长期运行发热，易造成内部其他设备烧损。建议改进设计工艺，提高结构密封性。

(2) 如故障暴露出设备缺陷、隐患，应统计本单位涉及的设备清单，并对同型号同批次的设备进行排查更换。

(3) 针对故障暴露出的问题，对上级管理部门提出防止同类故障发生的组织措施和技术措施。

【案例 4】 电容式电压互感器内部虚接及电容量故障

1. 故障现象

某 500kV 电容式电压互感器型号为 $TYD_2 500/\sqrt{3}$-0.005H，额定电压为 $500/\sqrt{3}$kV，额定电容 0.005μF，一次电压 U_{pr} 为 $500/\sqrt{3}$kV，主二次 1 号绕组 1a-1n 参数为：$100/\sqrt{3}$V，50VA，0.2 级；主二次 2 号绕组 2a-2n 的参数为：$100/\sqrt{3}$V，50VA，0.5 级；主二次 3 号绕组 3a-3n 的参数为：$100/\sqrt{3}$V，50VA，0.5 级；辅助二次绕组 da-dn 的参数为：100V，50VA，3P 级。

2018 年 9 月，对电容式电压互感器进行预防性试验过程中，首先用 XD2905 型绝缘电阻表对电容式电压互感器进行绝缘电阻试验，极间绝缘和低压端绝缘电阻均合格，无异常，随后用 AI-6000K 型介质损耗测试仪对电容式电压互感器进行介质损耗及电容量试验，试验人员试验时发现该互感器 A 相下节介质损耗超标，达到 0.436%（标准不大于 0.25%），具体试验结果如表 7-5 和图 7-20 所示。

表 7-5　　　　　　　　　　介质损耗及电容量试验报告

相别	A			
	C_{11}	C_{12}	下节	
			C_{13}	C_2
电容量出厂值（nF）	15.45	15.36	18.31	99.97
电容量测试值（nF）	15.46	15.34	18.44	99.39
初值差	0.06%	−0.13%	0.71%	−0.6%
介质损耗	0.071%	0.091%	0.436%	0.088%

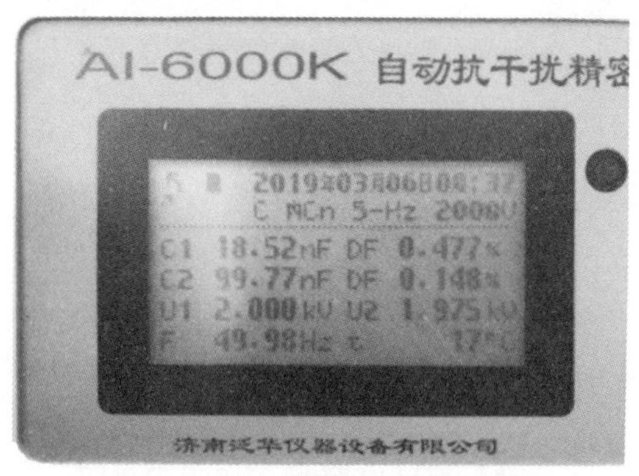

图 7-20　电压互感器下节测试结果

2. 现场设备解体

2019 年 3 月检修人员对故障相电容式电压互感器进行更换，并对存在故障的下节进行解体，如图 7-21 所示。

图 7-21　电压互感器下节解体

下节解体完成后，对高压电容及低压电容的电容量进行外观检查，发现下节高压电容 C_{13}/C_{2}引出端包封绝缘纸有劣化现象，如图 7-22 所示。

图 7-22　下节高压电容 C_{13}/C_{2}引出端包封绝缘纸有劣化现象

电容元件共 155 个，逐个测试电容量，如表 7-6 所示，试验后发现其中 1 个高压电容的电容量不合格，解体后检查其中间位置击穿，锡箔纸有污染痕迹，如图 7-23 所示。

表 7-6　　电容单元单只电容量

序号	第一层	第二层	第三层	第四层	第五层	第六层
1	2.245	2.295	2.301	2.305	2.294	2.333
2	2.261	2.285	2.315	2.293	2.295	2.332
3	2.268	2.303	2.309	2.297	2.298	2.340
4	2.272	2.270	2.313	2.306	2.300	2.339
5	2.293	2.268	2.315	2.307	2.304	2.329
6	2.285	2.273	2.311	2.307	2.309	2.346
7	2.293	2.262	2.311	2.325	2.312	2.337
8	2.284	2.264	2.313	2.315	2.309	2.276
9	2.300	2.260	2.311	2.316	2.314	2.314
10	2.278	2.263	2.313	2.318	2.329	2.305

续表

序号	第一层	第二层	第三层	第四层	第五层	第六层
11	2.299	2.267	2.312	2.321	2.331	2.319
12	2.283	2.268	2.316	2.312	2.330	2.323
13	2.287	2.275	2.318	2.325	2.306	2.344
14	2.288	2.271	2.319	2.320	2.314	2.343
15	2.289	2.280	2.313	2.305	2.309	2.343
16	2.287	2.279	2.319	2.300	2.313	2.349
17	2.289	2.258	2.326	2.277	2.317	2.352
18	2.290	2.307	2.317	2.296	2.327	2.350
19	2.294	2.304	2.320	2.319	2.322	2.337
20	2.300	2.301	2.320	2.328	2.334	2.314
21	2.295	2.310	2.322	2.331	2.334	2.322
22	2.301	2.313	2.310	2.323	2.331	2.338
23	2.305	2.314	2.320	2.308	0.327	2.351
24	2.305	2.320	2.316	2.309	2.331	2.350
25	2.311	2.316	2.315	2.299	2.321	2.345
26	2.311	2.317	2.297		2.329	2.320

图 7-23 电容元件中部击穿

3. 原因分析

根据解体情况判断，电容元件结构为铝箔与铝箔之间有两层绝缘薄膜，推断电压互感器下节共计 1 个高压电容元件损坏，造成介质损耗超标。

电容元件中部击穿原因推断为：绝缘薄膜存在电弱点（国标要求每平方允许有 10 个电弱点，电弱点即易击穿点），电弱点随着运行时间变长，逐步老化，容易形成击穿。如果两层绝缘薄膜的电弱点刚好重合，更易造成局部放电，如系统电压不稳定时，可能会造成该处击穿，进而使得绝缘油分解。其油污现象为电容元件击穿时产生高能放电，造成绝缘油分解，呈红褐色污染痕迹。

介质损耗超标的原因推断为：绝缘油分解污染后，电介质极性增强，有功损耗增大，造成介质损耗增大。

4. 结论

通过对电容式电压互感器的解体及测试结果进行分析，得出以下结论：

（1）在生产过程中提高生产工艺，尽量减少绝缘薄膜中电弱点的数量，从而降低两层绝缘薄膜的电弱点刚好重合的概率，以提高绝缘薄膜的绝缘性能，最终提高整个电容单元的绝缘性能。

（2）在平时的例行试验过程中，应重视对电压互感器介质损耗及电容量测量结果的分析，当电压互感器电容单元在测量中发现介质损耗严重超标后，考虑其电容单元中的电容层存在击穿的可能性。

【案例 5】 电容式电压互感器内部撕裂故障

1. 故障现象

某 500kV 电容式电压互感器型号为 $TYD_4\,500/\sqrt{3}$-0.005H，额定电压为 $500/\sqrt{3}$kV，额定电容 0.005μF，一次电压 U_{pr} 为 $500/\sqrt{3}$kV，主二次 1 号绕组 1a-1n 参数为：$100/\sqrt{3}$V，50VA，0.2 级；主二次 2 号绕组 2a-2n 参数为：$100/\sqrt{3}$V，50VA，0.5 级；主二次 3 号绕组 3a-3n 参数为：$100/\sqrt{3}$V，50VA，0.5 级；辅助二次绕组 da-dn 参数为：100V，50VA，3P 级。

2020 年 10 月，对电容式电压互感器进行预防性试验过程中，首先用 XD2905 型绝缘电阻表对电容式电压互感器进行绝缘电阻试验，级间绝缘和低压端绝缘电阻均合格，无异常，随后用 AI-6000K 型介质损耗测试仪对电容式电压互感器进行介质损耗及电容量试验，试验中通过自激法在对 A 相下节进行试验时，发现其下节电容单元 C_{13} 的介质损耗超标，电容量测试值远小于出厂值，试验结果如表 7-7 所示，且测量结果不稳定，仪器时常显示出“高压电流波动”和“CVT 高电压超”，如图 7-24 所示。将自激法的施加电压从 2000V 降低至 500V 后，试验结果无明显变化。

表 7-7　　介质损耗及电容量试验报告

相别	A				
	C_{11}	C_{12}	下节		
			C_{13}	C_2	$C_{总}$
电容量出厂值（nF）	14.20	14.23	18.70	93.05	15.59
电容量测试值（nF）	14.34	14.27	0.088	93.23	0.0879
初值差	0.99%	0.28%	−99.53%	0.19%	−99.44%
介质损耗	0.078%	0.085%	2.121%	0.109%	—

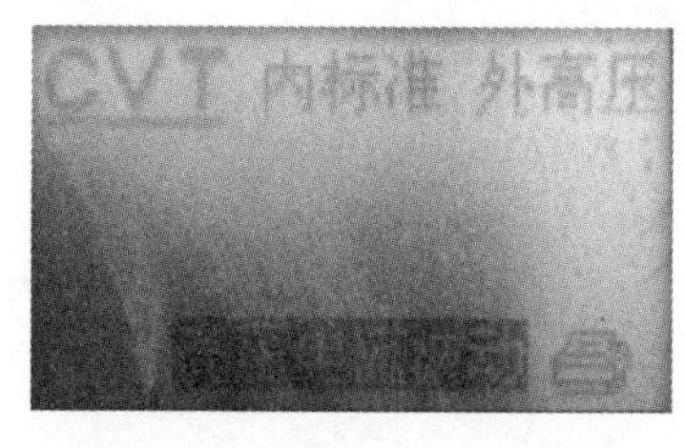

(a)

(b)

图 7-24　试验结果不稳定标示

（a）高压电流波动；（b）CVT 高电压超

通过更换仪器、试验线及更换试验对象等方法，排除外界因素的影响，分析认为 A 相电容式电压互感器下节电容单元存在异常。随即对其下节进行变比试验，试验结果显示表明此电容式电压互感器变比各绕组均成比例增大，试验结果如表 7-8 所示。

表 7-8　　变比试验报告

绕组编号	额定变比	实测变比	变比差
1a-1n	5000	9056	81.12%
2a-2n	5000	9107	82.14%
3a-3n	5000	9053	81.06%
da-dn	2887	5236	81.36%

2. 现场设备解体

2020 年 10 月检修人员对故障相电容式电压互感器进行更换，并对存在故障的下节进行解体后查看，互感器下节的电磁单元接线牢固、无放点痕迹、油色谱检测正常。但在对下节的电容单元进行解体时，发现电容单元上部高压引线撕裂，撕裂位置位于图 7-25 中 C_1 与一次接线端子间的连接处，如图 7-26 所示。

TYD$_4$ 500/$\sqrt{3}$-0.005H 型 500kV 电容式电压互感器下节电容单元上部的高压引线采用金属带连接，金属带螺钉接线孔处受外力撕裂，螺钉未松动。发现螺钉、金属带上存在明显的放电痕迹，但未明显灼烧，该位置邻近的膨胀器上也存在明显的放电发黑痕迹。电容式电压互感器下节电容单元内部放电后，电容单元中的绝缘油存在明显碳化变黄现象，如图 7-27 所示。

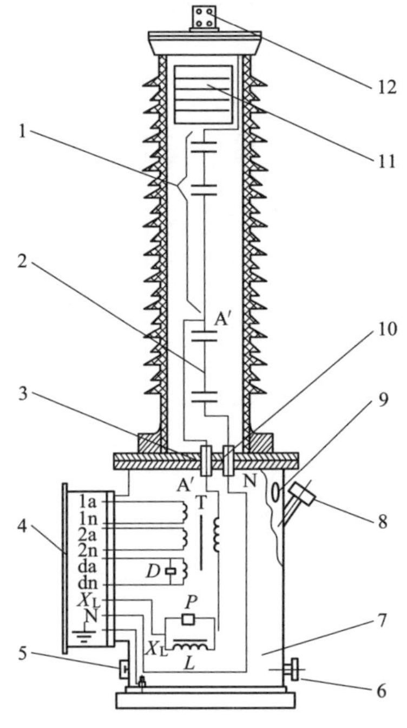

图 7-25　电压互感器下节整体示意图

1—高压臂电容 C_1；2—低压臂电容 C_2；
3—中压套管；4—出线盒；5—接地板；6—放油阀；
7—电磁单元；8—注油阀；9—观察窗；10—低压套管；
11—扩张器；12—一次接线端子

图 7-26　撕裂的高压引线

图 7-27　电容单元内绝缘油

3. 原因分析

根据现场试验结果，在测量电容式电压互感器下节时出现电容单元的电容量变小、变比变大、仪器显示“CVT 高电压超”和“高压电流波动”4 种现象。分析出现上述 4 种试验结果的原因：

（1）由于测量的电容量远小于电容单元的实际电容量，电容单元内部存在虚接现象，从而在虚接处形成一个电容，此时测得的下节电容单元电容量满足式（7-1），即电容单元的实际电容量和虚接形成的电容量串联组成。此时由于虚接形成的电容量远小于电容单元的实际电容量，故两者串联后得到的电容量同样远小于电容单元的实际电容量，故测量得到的电容量变小。

$$C_{13}=\frac{C'_{13}\times C_0}{C'_{13}+C_0} \tag{7-1}$$

式中：C'_{13} 为电容单元的实际电容量；C_0 为高压引线与一次接线端子间虚接产生的电容量；C_{13} 为测量得到的电容量。

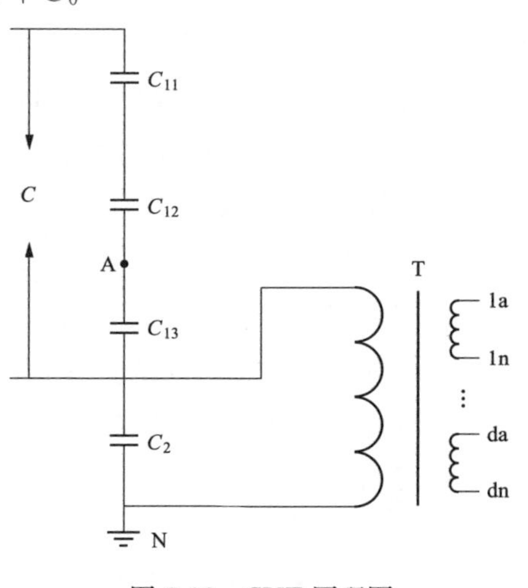

图 7-28　CVT 原理图

（2）由电容式电压互感器原理图（见图 7-28）可知，当下节电容单元测量得到的电容量 C_{13} 变小，且上、中节电容式电压互感器电容单元的电容量无变化时，三节电容单元串联后形成的整个电容式电压互感器电容量 C 将变小，如式（7-2）所示。式（7-3）为电容式电压互感器的变比，其中 C 变小的将导致整个互感器的变比变大。

$$C=\frac{C_{13}\times C_{11}\times C_{12}}{C_{13}\times C_{11}+C_{13}\times C_{12}+C_{12}\times C_{11}} \tag{7-2}$$

$$K=1+\frac{C_2}{C} \tag{7-3}$$

式中：C_{11} 为电容式电压互感器上节电容单元的电容量；C_{12} 为电容式电压互感器中节电容单元的电容量；C 为整个电容式电压互感器电容单元的电容量；K 为电容式电压互感器的变比。

（3）自激法测量 CVT 下节电容量时，在 da、dn 处施加电压，将通过电磁单元感应到一次侧在图 7-25 中所示的 A、N 点进行测量，此时可感应到一次侧约 2000V 电压。仪器的高压芯线接 N 点，C_x 线接 A 点，当 N 点与高压芯线接触不良时，仪器会显示高电压超，当 A 点与 C_x 线接触不良时，仪器会显示高压电流波动。

故造成电容式电压互感器下节电容单元电容量变小、变比变大、仪器显示“CVT 高电压超”和“高压电流波动”的原因是电容单元上部与一次接线端子相连的高压引线撕裂，而造成高压引线撕裂可能有两方面原因：

1）金属引线与一次接线端子在安装的过程中，由于安装工艺要求不严格，从而导致高压引线撕裂。

2）电容式电压互感器下节在运输、安装过程中存在大幅度的倾斜甚至水平放置。如图 7-22 所示，500kV 电容式电压互感器下节的电容单元仅在其底部进行固定，电容单元顶部与膨胀器相连并未进行固定。当电容式电压互感器下节存在大幅度倾斜或水平放置情况时，电容单元的顶部由于没有固定将出现大幅度的偏移，此偏移幅度超出了金属引线的裕度后将会撕裂电容单元与一次接线端子之间的金属引线。

4. 预防措施及建议

(1) 在生产过程中提高 C_{13} 与一次接线端子间的连接处的生产工艺，一方面 C_{13} 与一次接线端子之间的连接留有足够的余量，另一方面增强连接引线的强度，以确保电容单元的稳定性。

(2) 在电容单元的安装过程中，应该增加对电容单元的连接引线完整性的检测工作，确保连接引线在安装时不会对其造成损伤。

(3) 在运输和存放过程中，应将电容单元一直处于竖直状态，避免对其造成大幅度的倾斜的影响，从而保证引线不至于受外力而出现断裂。

(4) 当现场检测中发现同时存在电容量变小、变比变大、仪器显示“CVT 高电压超”和“高压电流波动”四种检测结果中的多种结果时，考虑电容单元内容易出现内部引线断裂的可能性。

【案例 6】 电容式电压互感器二次绕组短路故障

1. 故障现象

某 500kV 电容式电压互感器型号为 TYD_4 $500/\sqrt{3}$-0.005H，额定电压为 $500/\sqrt{3}$kV，额定电容 0.005μF，一次电压 U_{pr} 为 $500/\sqrt{3}$kV，主二次 1 号绕组 1a-1n 参数为：$100/\sqrt{3}$ V，50VA，0.2 级；主二次 2 号绕组 2a-2n 参数为：

$100/\sqrt{3}$ V，50VA，0.5 级；主二次 3 号绕组 3a-3n 参数为：$100/\sqrt{3}$ V，50VA，0.5 级；辅助二次绕组 da-dn 参数为：100V，50VA，3P 级。

2021 年 5 月 8 日，运维人员检查发现某 500kV 变电站监控后台显示 500kV Ⅰ母电压为 2.16kV，查看 500kV Ⅰ母电压互感器端子箱内电压互感器二次空气开关在合位，用万用表测量该空气开关上端下端无电，空气开关本身接通良好，对 500kV Ⅰ母电压互感器测温，显示电磁单元温度最高为 54℃，如图 7-29 所示，其他运行线路电压互感器同样位置为 28℃，初步判断电压互感器本体可能出现异常，随即申请临时停电检修工作。

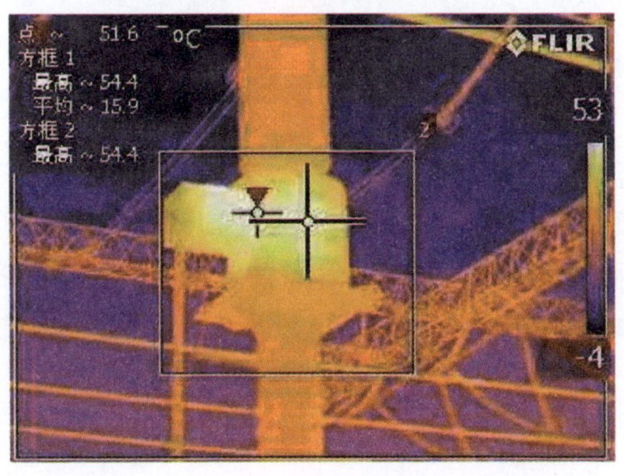

图 7-29　500kV Ⅰ母电压互感器红外测温

停电后检查 500kV Ⅰ母电压互感器，外观无异常，二次端子盒内接线良好，测量二次电缆绝缘正常。试验发现该电压互感器变比无法测量、C_2 介质损耗超标，二次绕组绝缘不良，如表 7-9 所示。

表 7-9　　500kV Ⅰ母电压互感器停电试验报告

试验项目	测试位置	测量结果	标准
二次绕组绝缘电阻	1a-1n 对地	无法加压	≥10MΩ
	2a-2n 对地	2.7MΩ	≥10MΩ
	3a-3n 对地	48MΩ	≥10MΩ
	da-dn 对地	58MΩ	≥10MΩ
	1a-1n 对 2a-2n	0.8MΩ	≥10MΩ
	2a-2n 对 3a-3n	46.2MΩ	≥10MΩ
	3a-3n 对 da-dn	111MΩ	≥10MΩ

续表

试验项目	测试位置	测量结果		标准	
变比	测试位置	测量结果		标准值	初值差
	1a-1n	无法加压		5000	—
	2a-2n	无法加压		5000	—
	3a-3n	无法加压		5000	—
	da-dn	无法加压		2887	—
介质损耗及电容量	测试位置	介质损耗	电容量（pF）	电容量初值	初值差
	C_{11}	0.044%	14250	14230	0.14%
	C_{12}	0.049%	14280	14250	0.21%
	C_{13}	0.033%	18790	18720	0.37%
	C_2	−0.222%	95480	95190	0.30%

当二次绕组绝缘电阻不能满足要求时，应进行绝缘油试验诊断项目。试验结果发现电磁单元油中乙炔、氢气、总烃含量超标，水分含量、绝缘油击穿电压不满足要求，如表 7-10 所示，判断电磁单元内部存在高能放电缺陷，无法继续运行。

表 7-10　　绝缘油试验报告

试验项目		测量结果	测试标准
油色谱	氢气（μL/L）	2671.54	/
	一氧化碳（μL/L）	13787.79	/
	二氧化碳（μL/L）	153452	/
	甲烷（μL/L）	401.04	/
	乙烯（μL/L）	1106.79	/
	乙烷（μL/L）	0	/
	乙炔（μL/L）	639.89	/
	总烃（μL/L）	2147.72	/
油质	水分（mg/L）	84.1	≤35
	击穿电压（kV）	26.5	≥35

2021 年 5 月 12 日，在做出设备已无法继续运行的结论后，现场检修人员随即将故障设备拆除。在新设备运抵现场后，立即开箱安装，现场加工二次电缆穿管、一次接地引线等，如图 7-30 所示。当晚新设备完全安装就位并完成新

设备试验工作结束，一、二次引线全部恢复，试验结果正常。

图 7-30　电压互感器现场更换

完成试验工作后 500kV Ⅰ 母电压互感器随即恢复送电，于次日早上完成送电工作，送电完成后对 500kV Ⅰ 母电压互感器共进行了三次特巡及红外测温，设备运行正常。

2. 现场解体情况

打开电磁单元油箱并断开电容单元内部引线后进行介质损耗电容量测试，电容单元无异常，不再开展电容单元的解体。打开电磁单元油箱发现绝缘油已经浑浊，并有大量气泡，伴有刺鼻性气味，见图 7-31。

图 7-31　电压互感器电磁单元开盖后整体

放油后发现中间变压器二次绕组引线端部明显焦黑，中间变压器绕组外表面明显发热溢胶，见图 7-32。

电磁单元中间变压器二次绕组位于靠近铁芯柱内侧绕制，绕组为裸铜线材质，主绝缘为纸绝缘。继续将绕组逐层拆解后发现二次第一绕组（1a-1n）烧损严重，纸绝缘全部炭化发黑，二次第二绕组（2a-2n）烧损量略少，绕组中部绝缘炭化，但端部仍有部分绝缘，二次第三绕组（3a-3n）和第四绕组（da-dn）大部分绝缘未损坏，见图 7-33。

图 7-32　电压互感器电磁单元放油后

(a)

(b)

(c)

图 7-33　损坏的绕组

(a) 1a-1n；(b) 2a-2n；(c) 3a-3n

清理表面炭化绝缘纸后发现在第一绕组 1a 端和 1n 端两个端部出线弯头下方存在放电点，见图 7-34。

电磁单元中间变压器一次绕组位于二次绕组外侧同柱绕制，绕组材质为漆包线，层间绝缘为绝缘纸和绝缘膜。拆解发现绕组中部漆包线漆面过热破损严重、炭化发黑，端部尚好，见图 7-35。

图 7-34 中间变压器第一绕组放电点

图 7-35 中间变压器高压绕组拆解情况

3. 原因分析

根据电磁单元解体情况判断，中间变压器二次第一绕组 1a 端和 1n 端两个端部出线弯头下方的放电点，为造成电压互感器二次绕组短路故障的直接原因。而造成中间变压器二次第一绕组出线弯头处放电的主要原因为，设备在出厂阶段绕外层的绝缘包扎层前未纠正叠线，绕完后发现叠线，使用木棒径向敲击，发生铜线与铜线间的剪切，挤破铜线间的纸绝缘造成一定程度的纸绝缘破损。次要原因为：①绝缘油中微量水分的存在，会引起设备绝缘下降，对缺陷的产生存在一定的影响；②在系统电压变化、周围气象环境变化以及相邻设备操作的情况下造成振动叠加，正常设备完全可以承受该幅度的振动，但如果设备本身存在先天不足，则可能造成影响。

4. 预防措施及建议

（1）在电容式电压互感器电磁单元生产阶段，应注意在绕外层的绝缘包扎层时及时纠正叠线，防止发生铜线与铜线间的剪切，挤破铜线间的纸绝缘。

（2）电容式电压互感器出厂试验中，应增加电磁单元内绝缘油的微水检测试验项目，确保电磁单元内各元器件之间的绝缘性能。

（3）加强电容式电压互感器的日常巡视及带电检测，严格按照《国家电网公司变电运维管理规定》要求开展巡视，例行巡视 2 天 1 次，全面巡视 1 个月 2 次，熄灯巡视 1 个月 1 次，特殊巡视根据上级要求随时增加；红外普测为 1

月 2 次，精确测温为 1 个月 1 次，对温度异常的设备及时上报，根据 DL/T 664《带电设备红外诊断技术应用导则》：整体温升偏高，且中上部温度高，三相之间温差超过 2～3℃，判断为严重及以上缺陷，应立即按流程汇报申请停运处理。

（4）加强运行电压互感器电压数值监测，运行中发现二次电压异常波动，应立即上报，同时安排红外测温及二次回路检查，发现异常立即申请停运。

（5）在停电试验过程中，应重视对电压互感器介质损耗及电容量测量结果的分析，当电压互感器电磁单元在测量中发现介质损耗严重超标后，考虑其电磁单元的绝缘性能是否被破坏。

附　　录

附录 A　专业巡视记录表

××××变电站专业巡视记录表	
单位名称	××省检修公司××分部××班
巡视人员	
巡视日期	×年×月×日××时××分
巡视设备	全站巡视填写“全站设备”，部分巡视可按间隔或单个设备列出
巡视装备	如万用表、望远镜、红外测温仪、照相机……
发现的问题	如： （1）××断路器液压机构油泵高压管道渗漏油； （2）××断路器机构箱密封不良，箱内有水渍； ……
问题处理情况或处理建议	此栏填写设备问题现场处理情况或整改计划
备注	此栏填写特别需要说明事项

附录B　例行检修标准作业卡

500kV电容式电压互感器例行检修标准作业卡

编制人：____________ 审核人：____________

1. 作业信息

设备双重编号		工作时间		作业卡编号	

2. 工序要求

序号	关键工序	标准及要求	风险辨识与预控措施	执行完打√或记录数据
1	外部检查及清扫	(1) 检查本体及均压环有无破损放电痕迹； (2) 金属部位无锈蚀，底座、构架牢固，无倾斜变形	(1) 高空作业车摆放平稳，支脚应避开孔洞、电缆沟等； (2) 高空作业人员正确使用安全带，严禁低挂高用	
2	外绝缘表面情况检查	(1) 绝缘表面有无腐蚀、开裂、放电痕迹； (2) 清洁外绝缘积尘和污垢，必要时可用中性清洗剂，然后用清洁水清洗并擦拭干净	(1) 高空作业车摆放平稳，支脚应避开孔洞、电缆沟等； (2) 高空作业人员正确使用安全带，严禁低挂高用	
3	一、二次及末屏检查	(1) 一、二次接线端子应连接牢固，接触良好，标志清晰，无过热迹象； (2) 检查二次接线排列应整齐美观，接线牢靠、接触良好不松动； (3) 二次熔断器或二次空气开关正常； (4) 辅助回路和控制回路电缆、接地线外观完好； (5) 末屏检查接触导通良好，末屏引出小套管接地良好，并有防转动措施	高空作业时工器具及物品应采取防跌落措施，禁止上下抛掷物品	

续表

序号	关键工序	标准及要求	风险辨识与预控措施	执行完打√或记录数据
4	高压引下线、接地引下线及线夹检查	（1）高压引下线、接地引下线连接正常，无锈蚀、脱开、断股现象，设备线夹无裂纹； （2）接地扁铁（铜）无锈蚀，连接可靠，接地标识明显、清晰，无脱落	（1）高空作业车摆放平稳，支脚应避开孔洞、电缆沟等； （2）高空作业人员正确使用安全带，严禁低挂高用	
5	器身铭牌标志检查	（1）铭牌完好； （2）各接线端子的标志应齐全清晰	高空作业人员正确使用安全带，严禁低挂高用	
6	密封性检查	（1）无滴油渗油； （2）各密封处有渗漏时，影响运行应更换	高空作业人员正确使用安全带，严禁低挂高用	
7	底座构架情况检查	（1）底座构架应稳定； （2）螺丝应无严重锈蚀	高空作业人员正确使用安全带，严禁低挂高用	
8	本体接线盒检查	（1）检查盒盖和法兰的密封情况，密封良好，内部无受潮，积水情况； （2）接线盒清洁，连线无虚接，端子引线无锈蚀	（1）高空作业车摆放平稳，支脚应避开孔洞、电缆沟等； （2）高空作业人员正确使用安全带，严禁低挂高用	
9	端子箱检查	（1）机构箱清洁、无杂物； （2）机构箱密封良好，无进水受潮，加热驱潮装置功能正常； （3）机构箱无变形、锈蚀等现象； （4）机构箱外壳应可靠接地，并符合相关要求； （5）电缆孔洞封堵到位，密封良好，温湿度控制装置功能可靠，通风口通风良好	工作前确认柜内相关交直流电源并无压	

3. 签名确认

工作人员确认签名	

4. 执行评价

工作负责人签名：

附录C　验收标准卡

电压互感器竣工（预）验收标准卡

电压互感器基础信息	变电站名称		设备名称编号	
	制造厂家		出厂编号	
	验收单位		验收日期	

序号	验收项目	验收标准	检查方式	验收结论（是否合格）	验收问题说明
一、互感器本体外观验收		验收人签字：			
1	铭牌标志	完整清晰，无锈蚀	现场检查	□是　□否	
2	渗漏油检查	瓷套、底座、阀门和法兰等部位应无渗漏油现象	现场检查	□是　□否	
3	油位指示	油位正常	现场检查	□是　□否	
4	外观油漆检查	油漆无剥落、无退色	现场检查	□是　□否	
5	外观防腐检查	无明显的锈迹、无明显污渍	现场检查	□是　□否	
6	外套检查	（1）瓷套不存在缺损、脱釉、落砂，铁瓷结合部涂有合格的防水胶；瓷套达到防污等级要求； （2）复合绝缘干式电压互感器表面无损伤、无裂纹	现场检查	□是　□否	
7	相色标志检查	相色标志正确	现场检查	□是　□否	
8	中间变压器（电容式）	电容式电压互感器中间变压器高压侧不应装设氧化锌避雷器	现场检查	□是　□否	

续表

序号	验收项目	验收标准	检查方式	验收结论（是否合格）	验收问题说明
9	均压环检查	均压环安装水平、牢固，且方向正确，安装在环境温度零度及以下地区的均压环，宜在均压环最低处打排水孔	现场检查	□是　□否	
10	SF_6密度继电器或压力表	（1）压力正常、无泄漏、标志明显、清晰； （2）校验合格，报警值（接点）正常； （3）应设有防雨罩	现场检查	□是　□否	
二、安装工艺验收		验收人签字：			
11	互感器安装	（1）安装牢固，垂直度应符合要求，本体各连接部位应牢固可靠； （2）同一组互感器三相间应排列整齐，极性方向一致； （3）铭牌应位于易于观察的同一侧	现场检查	□是　□否	
12	中间变压器接地（电容式）	电容式电压互感器中间变压器接地端应可靠接地	现场检查	□是　□否	
13	电容分压器安装顺序	对于220kV及以上电压等级电容式电压互感器，电容器单元安装时必须按照出厂时的编号以及上下顺序进行安装，严禁互换	现场检查	□是　□否	
14	阻尼器检查（电容式）	检查阻尼器是否接入的二次剩余绕组端子	现场检查/资料检查	□是　□否	
15	接地	110(66)kV及以上电压互感器构支架应有两点与主地网不同点连接，接地引下线规格满足设计要求，导通良好	现场检查	□是　□否	

续表

序号	验收项目	验收标准	检查方式	验收结论（是否合格）	验收问题说明
三、互感器各侧出线		验收人签字：			
16	出线端连接	螺母应有双螺栓连接等防松措施	现场检查	□是　□否	
17	设备线夹	（1）线夹不应采用铜铝对接过渡线夹； （2）在可能出现冰冻的地区，线径为 400mm^2 及以上的、压接孔向上 30°～90°的压接线夹，应打排水孔； （3）引线无散股、扭曲、断股现象。引线对地和相间符合电气安全距离要求，引线松紧适当，无明显过松过紧现象，导线的弧垂须满足设计规范	现场检查	□是　□否	
四、互感器二次系统验收		验收人签字：			
18	二次端子接线	二次端子的接线牢固、整齐并有防松功能，装蝶型垫片及防松螺母。二次端子不应短路，单点接地。控制电缆备用芯应加装保护帽	现场检查	□是　□否	
19	二次电缆穿线管端部	二次电缆穿线管端部应封堵良好，并将上端与设备的底座和金属外壳良好焊接，下端就近与主接地网良好焊接	现场检查	□是　□否	
20	二次端子标志	二次端子标志明晰	现场检查	□是　□否	
21	电缆的防水性能	电缆如未加装固定头，应由内向外电缆孔洞封堵	现场检查	□是　□否	
22	二次接线盒	（1）符合防尘、防水要求、内部整洁； （2）接地、封堵良好	现场检查	□是　□否	
五、其他验收		验收人签字：			
23	专用工器具清单、备品备件	按清单进行清点验收	现场检查	□是　□否	
24	设备名称标示牌	设备标示牌齐全，正确	现场检查	□是　□否	
25	外装式消谐装置	外观良好，安装牢固。应有检验报告	现场检查	□是　□否	

电压互感器交接试验验收标准卡

序号	验收项目	验收标准	检查方式	验收结论（是否合格）	验收问题说明
一、绝缘油试验验收		验收人签字：			
1	绝缘油试验（电磁式）	（1）色谱试验：按照《变压器油中溶解气体分析和判断导则》进行，电压等级在 66kV 以上的油浸式互感器，应在耐压和局部放电试验前后各进行一次油色谱试验，满足总烃少于 10μL/L，H_2 少于 50μL/L，不含 C_2H_2； （2）注入设备的新油击穿电压应满足 750kV 及以上：≥70kV，500kV：≥60kV，330kV：≥50kV，66～220kV：≥40kV，35kV 及以下：≥35kV； （3）水分含量满足 330kV 及以上：≤10mL/L，220kV：≤15mL/L，110kV 及以下电压等级：≤20mL/L； （4）介质损耗因数：90℃时，注入电气设备，$\tan\delta \leqslant 0.005$；注入电气设备后，$\tan\delta \leqslant 0.007$	资料检查	□是　□否	
二、电气试验验收		验收人签字：			
2	绕组的绝缘电阻	一次绕组对二次绕组及外壳，各二次绕组间及其对外壳的绝缘电阻不低于 1000MΩ	现场见证/资料检查	□是　□否	
3	35kV 及以上电压等级的介质损耗角正切值和电容量	（1）电容式电压互感器应满足：电容量初值差不超过±2%； （2）电磁式电压互感器：$\tan\delta \leqslant 0.005$（油纸绝缘），电容式电压互感器 $\tan\delta \leqslant 0.0015$（膜纸复合）； （3）110(66)kV 及以上电磁式应满足：串级式：$\tan\delta \leqslant 0.02$，非串级式：$\tan\delta \leqslant 0.005$	现场见证/资料检查	电容值： $\tan\delta$： □是　□否	

续表

序号	验收项目	验收标准	检查方式	验收结论（是否合格）	验收问题说明
4	交流耐压试验	（1）试验时间 60s 无击穿现象； （2）油浸式设备在交流耐压试验前要保证静置时间：110(66)kV 设备静置时间不小于 24h，220kV 设备静置时间不小于 48h，330kV 和 500kV 设备静置时间不小于 72h； （3）二次绕组之间及对外壳进行 2kV、1min 耐压，N 点耐压电压不低于 3kV	现场见证/资料检查	□是　□否	
5	绕组直流电阻（电磁式）	（1）与换算到同一温度下出厂值比较，一次绕组相差不大于 10%，二次绕组不大于 15%； （2）同一批次的同型号、同规格电压互感器一次绕组、二次绕组的直流电阻值相互间的差异不大于 5%	现场见证/资料检查	□是　□否	
6	误差测量	（1）用于关口计量的应进行误差测量； （2）用于非关口计量的，35kV 及以上的电压互感器，宜进行误差测量	现场见证/资料检查	误差：__% □是　□否	
7	电磁式电压互感器励磁曲线	（1）测量点电压为额定电压的 20%、50%、80%、100%、120%； （2）对于中性点非有效接地系统的互感器最高测量点位 190%； （3）100%电压测量点，励磁电流不大于出厂试验报告和型式试验报告测量值 30%； （4）同批次、同型号、同规格电压互感器此点的励磁电流不宜相差 30%； （5）测量点电压为 110%，120%时，其励磁电流增值小于 1.5	现场见证/资料检查	□是　□否	

续表

序号	验收项目	验收标准	检查方式	验收结论（是否合格）	验收问题说明
8	密封性能检查	油浸式电压互感器外表应无可见油渍现象	现场见证/资料检查	□是　□否	
9	极性检测	减极性	现场见证/资料检查	□是　□否	
三、SF_6气体验收　验收人签字：					
10	SF_6气体的含水量和SF_6气体成分测量	SF_6气体含水量不超过250uL/L、SF_6纯度不低于99.8%	现场见证/资料检查	含水量： 纯度： □是　□否	
11	SF_6气体压力表和密度继电器检验	表计校验合格，SF_6压力值满足产品技术要求	现场见证/资料检查	□是　□否	
12	密封性能检查	SF_6互感器年泄漏率小于0.5%	现场见证/资料检查	□是　□否	
四、试验数据分析验收　验收人签字：					
13	试验数据的分析	试验数据应通过显著性差异分析法和横比分析法进行分析，并提出意见	现场见证/资料检查	□是　□否	

电压互感器资料及文件验收标准卡

电压互感器基础信息	变电站名称		设备名称编号	
	制造厂家		出厂编号	
	验收单位		验收日期	

序号	验收项目	验收标准	检查方式	验收结论（是否合格）	验收问题说明
一、资料及文件验收　　验收人签字：					
1	订货合同、技术协议	资料齐全	资料检查	□是　□否	
2	安装使用说明书，图纸、维护手册等技术文件	资料齐全	资料检查	□是　□否	
3	重要附件的工厂检验报告和出厂试验报告	资料齐全，数据合格	资料检查	□是　□否	
4	出厂试验报告	资料齐全，数据合格	资料检查	□是　□否	
5	安装检查及安装过程记录	记录齐全，符合安装工艺要求	资料检查	□是　□否	
6	交接试验报告	项目齐全，数据合格	资料检查	□是　□否	
7	变电工程投运前电气安装调试质量监督检查报告	资料齐全	资料检查	□是　□否	

参 考 文 献

[1] 国家电网公司运维检修部. 电网设备带电检测技术 [M]. 北京：中国电力出版社，2014.

[2] 国网河南省电力公司检修公司. 变电设备例行试验操作方法 [M]. 北京：中国电力出版社，2017.

[3] 赵智大. 高电压技术 [M]. 2版. 北京：中国电力出版社，2019.

[4] 陈天翔，王寅仲，温定筠，海世杰. 电气试验 [M]. 3版. 北京：中国电力出版社，2017.

[5] 王永军. CVT的介损和电容值测试方法研究及应用 [D]. 北京：华北电力大学，2012.

[6] 陈斌. 电容式电压互感器的误差特性分析及评估 [D]. 重庆：重庆大学，2017.

[7] 张磊，秦旷，姚力夫，郭海云，等. 电气设备预防性试验技术问答 [M]. 北京：中国电力出版社，2017.